Grundlagen und Ausführung von Schutzgasglühungen einschließlich der Verhältnisse für das kohlende Glühen von Eisen

Dr.-Ing. habil. WALTER BAUKLOH
Professor
für theoretische Hüttenkunde, Berlin

1949

AKADEMIE-VERLAG · BERLIN

Vorabdruck aus dem im gleichen Verlag
demnächst erscheinenden Buch
WERKSTOFF UND SCHWEISSUNG
herausgegeben von
Prof. Dr.-Ing. habil. F. Erdmann-Jesnitzer

Erschienen im Akademie-Verlag GmbH, Berlin NW 7, Schiffbauerdamm 19
Lizenz-Nr. 156 · 4902/49 - 6763/49
Druck: (D 01) Sachsenverlag, Druckerei- und Verlags-Gesellschaft mbH, Dresden N 23, Riesaer Straße 32, 12861
Bestell- und Verlagsnummer: 5028

VORWORT

Das Schutzgasglühen von metallischen Werkstoffen ist keine technische Errungenschaft der neuesten Zeit. Man verstand es schon frühzeitig, geeignete Vorkehrungen zu treffen, um unerwünschte Umsetzungen der Glühatmosphäre mit dem zu glühenden Werkstück auszuschalten oder zu mindern. Erst wesentlich später ging man jedoch bei Verfahren dieser Art von einer wissenschaftlichen Betrachtungsweise aus, nachdem auch die metallurgische Praxis sich anschickte, aus den Erkenntnissen der physikalischen Chemie technischen Nutzen zu ziehen. Diese Entwicklung erscheint vordringlich, da sowohl die Wirtschaftlichkeit derartiger Verfahren als auch die Vielzahl der heute üblichen Legierungen eine vertiefte Kenntnis vom Verhalten der metallischen Werkstoffe gegenüber technischen Glühatmosphären erfordern.

Die Aufgabe des vorliegenden Bändchens bestand daher in erster Linie darin, leichtverständlich aber dennoch in ausreichendem Maße das Verständnis für die physikalisch-chemischen Grundlagen zu wecken, durch die das Wesen des Schutzgaszustandes eines einheitlichen Gases oder eines Gasgemisches gegenüber einem metallischen Werkstoff gekennzeichnet wird. Im Besitze dieser Kenntnisse wird jeder Ingenieur in der Praxis in der Lage sein, für die Lösung neuer Aufgaben dieser Art gangbare und sinnvolle Wege im vorhinein aufzuzeigen. Es bleibt ihm die Durchführung vieler kostspieliger und aus grundsätzlichen Überlegungen zur Aussichtslosigkeit verurteilter Tastversuche erspart, die um so umfangreicher sein werden, je mannigfaltiger die zu erwartenden Reaktionsmöglichkeiten sind. Wenn es dem Verfasser mit diesem Büchlein gelingt, hier belehrend und aufklärend zu wirken, so ist ein wesentlicher Teil der gestellten Aufgabe erfüllt.

Die rein verfahrenstechnischen Vorkehrungen zur Erzeugung von Schutzgasen und die Glühprozesse selbst werden nach Maßgabe der technischen Entwicklung laufenden Wandlungen unterlegen sein. Die örtlichen Verhältnisse dürften daneben in vielen Fällen ebenfalls ausschlaggebend sein. Aus diesen Überlegungen wird im verfahrenstechnischen Teil des vorliegenden Bändchens kein Anspruch auf Vollständigkeit erhoben. Die dort angezogenen Verfahren sollen im wesentlichen nur Beispiele darstellen, welche zu neuen Anregungen aus der Praxis führen werden.

Der Umstand, daß die theoretische Diskussion der für das Schutzgasglühen zuständigen Reaktionen auch die Grundlage für das kohlende Glühen von Eisen (Gaseinsatzhärtung) abgibt, veranlaßte den Verfasser, dieses technisch recht interessante Problem in die gestellte Aufgabe einzubeziehen. Es dürfte keine besondere Belastung des Stoffes damit verbunden sein, vielleicht aber eine Vertiefung des Gesamtproblems der Umsetzung zwischen Gasen und Metallen erreicht werden.

Das vorliegende Bändchen ist ein Vorabdruck eines vom Verfasser geschriebenen Kapitels im Buch Werkstoff und Schweißung, das demnächst im gleichen Verlag erscheinen wird. Da die Fragen des Schutzgasglühens von metallischen Werkstoffen erfahrungsgemäß über den Leserkreis des genannten Buches hinaus von Interesse sind, erschien eine gesonderte Herausgabe gerechtfertigt.

Dem Akademie-Verlag danke ich für die großzügige und verständnisvolle Unterstützung, die er der Drucklegung des vorliegenden Bändchens zuteil werden ließ.

Berlin 1949

W. Baukloh

INHALTSVERZEICHNIS

Technische Bedeutung

Die *Wärmebehandlung* von Metallen und Metallegierungen in technischen Heizgasen ist vielfach der Grund für die Bildung von Oxydhäuten auf der Werkstoffoberfläche. Diese Oxydhäute müssen vor der Weiterverarbeitung des Werkstoffes durch Beizen oder sonstige Behandlungen entfernt werden, wenn bei einer weiteren Kaltverformung eine saubere und gleichmäßige Oberfläche erzielt werden soll. Handelt es sich z. B. um die Glühung von Kohlenstoffstählen, so kann neben der oberflächlichen Oxydation des Metalles auch eine empfindliche Entkohlung eintreten, welche die Werkstoffeigenschaften ungünstig beeinflußt. Dies gilt insbesondere für die Glühbehandlung von Werkzeugstählen sowie Chrom- und Schnelldrehstählen. Ebenso unerwünscht kann eine Kohlenstoffaufnahme sein, wenn es sich z. B. um die Glühung von Eisenblechen handelt, die über eine hohe Tiefziehfähigkeit verfügen sollen. Andererseits werden in einem späteren Kapitel Beispiele herangezogen, wo sowohl die Entkohlung als auch die Aufkohlung einem technischen Bedürfnis entsprechen.

Es sei ferner darauf hingewiesen, daß das *Plattieren* von Blechen in steigendem Maße Anwendung findet. Zur Erzielung einer guten Schweißung müssen die Werkstoffoberflächen vollkommen zunderfrei sein. Das gleiche gilt für die Hartlötung.

Die Schaffung geeigneter Schutzgasatmosphären war verständlicherweise zunächst dort am dringendsten, wo es sich um Werkstoffe handelt, deren Eigenschaften durch die Glühatmosphäre am empfindlichsten beeinflußt werden, und wo es sich um hohe Erzeugungsmengen handelt. Das dürften in erster Linie Eisen und Stahl sein, bei denen sich sowohl Verzunderungs- als auch Kohlungsreaktionen abspielen können, während für ein Metall wie Kupfer, das keine Löslichkeit für Kohlenstoff besitzt, praktisch allein Verzunderungsreaktionen von Bedeutung werden können, wenn man von der sog. „Wasserstoffkrankheit" absieht. Daneben bietet die Verwendung von Schutzgas auch für die Hartlötung und Schweißung von Metallen technische Vorteile, die inzwischen auch in diesem Fertigungszweig ein besonderes Interesse für die Probleme der Schutzgasglühung erweckt haben.

Es ist verständlich, daß die Herstellung geeigneter Schutzgase um so umständlicher wird, je *mannigfältiger die Reaktionsmöglichkeiten* zwischen den Bestandteilen der Gasphase und dem Werkstoff sind. Das ist der Grund dafür, daß die Erzeugung von Schutzgasen für das Glühen von Eisen und Stahl auf besondere Schwierigkeiten stößt, da hier eine verhältnismäßig hohe Zahl von Reaktionsmöglichkeiten zu berücksichtigen ist.

Anders liegen die Verhältnisse beispielsweise für Kupfer, wie das oben schon angedeutet wurde, wobei noch die gegenüber Eisen geringere Sauerstoffaffinität des Kupfers von Bedeutung ist. Als erstes Blankglühverfahren ist daher wohl auch das Glühen von Kupfer in überhitztem reinem Wasserdampf anzusprechen.

Die Umsetzungen zwischen Glühgut und Gasatmosphäre werden durch die viel angewendete *Kistenglühung* auf ein Kleinstmaß herabgesetzt. Bei diesem Glühverfahren entweicht die in der Glühkiste befindliche Luft zum größten Teil während der Aufheizung. Es bleiben jedoch Reste zurück, deren Sauerstoffgehalt eine schwache Zunderschicht erzeugt, welche bei kohlenstoffhaltigen Werkstoffen allerdings bei höheren Temperaturen durch den Kohlenstoff des Glühgutes wieder reduziert wird. Dadurch wird der gebildete Zunder zwar zwischenzeitlich entfernt und das Blech vorübergehend blank. Der Vorgang wird jedoch beim Abheizen wieder rückgängig gemacht, da von neuem Luft in die Glühkiste nachdringt. Bei höher gekohlten Stählen beobachtet man daneben noch eine oberflächliche Entkohlung, welche durch Einbetten des Glühgutes in Sand oder Eisenspänen weitgehend zurückgedrängt werden kann, während die Bildung dünner Oxydschichten praktisch kaum zu vermeiden ist.

So lag frühzeitig ein Bedürfnis zur Schaffung geeigneter Schutzgasatmosphären vor, welche es ermöglichten, die schädliche Luft bereits bei Beginn des Aufheizens aus dem Glühraum zu entfernen und sie durch eine Atmosphäre zu ersetzen, welche sich gegenüber dem Glühgut neutral verhält. Wenn die Praxis erst verhältnismäßig spät dazu übergegangen ist, Schutzgasglühungen auf breiterer technischer Grundlage zu betreiben, so hat das neben technischen Fragen des Ofenbaues seinen Grund darin, daß sich die Praxis mit den physikalisch-chemischen Grundlagen für das Reaktionsvermögen zwischen den metallischen Werkstoffen und den in der Technik gebräuchlichen Gasgemischen erst in neuerer Zeit gründlicher vertraut machte.

Im größeren Umfange wurde die Entwicklung von Glühgasen zum Blankglühen erstmalig in Amerika auf rein erfahrungsmäßiger Grundlage vorangetrieben. Es entstand der Begriff „Controlled Atmosphere". Die wissenschaftliche Beschreibung der sich dabei abspielenden Umsetzungen und die Ableitung der Voraussetzungen für ihre Verhinderung folgten erst nach und nach, wobei es gelang, viele zunächst ungewöhnlich erscheinende Vorgänge zu klären.

Von den chemischen Umsetzungen zwischen Glühatmosphäre und Werkstück werden im Bereich der technisch üblichen Glühtemperaturen und Glühzeiten naturgemäß nur die *Oberfläche* und die maximal nach wenigen Millimetern zählenden Schichten unter ihr erfaßt. Es ist daher verständlich, daß eine Schutzgasglühung vorwiegend nur für Prozesse von technischer Bedeutung sein kann, bei denen es auf die Erzielung einer blanken Oberfläche ankommt, wie beim Löten und Schweißen. Die Sicherung der Werkstoffzusammensetzung während des Glühprozesses (z. B. Stähle mit höherem Kohlenstoffgehalt) oder die Verhinderung eines empfindlichen Querschnittverlustes durch oberflächliche Oxydation wird aus naheliegenden Erwägungen nur dann eine Schutzgasglühung erforderlich machen, wenn das Verhältnis von Oberfläche zum Werkstückquerschnitt relativ groß ist, wie z. B. bei dünnen Blechen usw.

Es darf weiterhin nicht vergessen werden, daß die *kinetische* Seite der Reaktionen, auf die in der vorliegenden Abhandlung nicht näher eingegangen werden soll, in manchen Fällen Operationen gestattet, die insbesondere dann von Bedeutung sind, wenn die Verwendung gesteuerter Gasatmosphären technisch und wirtschaftlich untragbar ist. So kann gelegentlich die Entkohlung dünnwandiger Eisenwerkstoffe mit Erfolg herabgesetzt werden, wenn man die Bildung einer dünnen Oxydhaut zuläßt, wodurch die Umsetzung zwischen Gasphase und Kohlenstoff gehemmt wird. Der Querschnittsverlust durch eine geringe Oberflächenoxydation ist hier nach den Erfahrungen der Praxis eher zu ertragen als der Festigkeitsverlust durch Verminderung des Kohlenstoffgehaltes.

Physikalisch-chemische Grundlagen

Die Erzeugung von Schutzgasatmosphären wäre kein technisch-wissenschaftliches Problem, wenn der Praxis in beliebigem Umfange und zu wirtschaftlich tragbaren Preisen Gase zur Verfügung ständen, die keine chemischen Umsetzungen mit den metallischen Werkstoffen eingehen können, wie das z. B. für die bekannten *Edelgase* der Fall ist. Diese besitzen von Natur aus die Eigenschaft eines Schutzgases und könnten ohne besondere Vorbereitung für alle Metalle und Temperaturbereiche verwendet werden. Wenn die Praxis von diesen Gasen im großen keinen Gebrauch macht, so hat das seinen Grund in ihrem Preis und ihrer geringen Verfügbarkeit. Man könnte hier auch an die Verwendung von technischem Stickstoff denken, was jedoch insofern Schwierigkeiten bereitet, als der technische Stickstoff stets durch geringe Sauerstoffmengen verunreinigt ist, die nur umständlich zu entfernen sind. Reiner Wasserstoff gilt in diesem Zusammenhange nur dann als Schutzgas, wenn es sich um das Glühen von kohlenstoffarmen Werkstoffen handelt. Unter außergewöhnlichen Verhältnissen kann eine bestimmte Umsetzung des Wasserstoffs mit dem Werkstoff allerdings auch erwünscht sein, wie später noch gezeigt wird. Seine Schutzgaseigenschaft würde sich dann auf die Verhütung unerwünschter Nebenreaktionen beziehen.

Für die *Praxis* muß man mit Rücksicht auf die oben angestellten Überlegungen nach Schutzgasen suchen, die ohne Aufwendung umfangreicher technischer und wirtschaftlicher Mittel von der Praxis erstellt werden können. Man ist daher im großen auf die technischen Heizgase angewiesen, bei denen es sich im wesentlichen um Gasgemische mit wechselnden Anteilen an N_2, CO, CO_2, C_xH_y, H_2, H_2O und gelegentlich auch Spuren von H_2S und SO_2 handelt. Das sind aber chemische Körper, die bis auf Stickstoff unter gewissen Voraussetzungen Reaktionen mit dem metallischen Werkstoff eingehen können. Gelegentlich findet selbst eine Umsetzung zwischen Stickstoff und dem Werkstoff statt, sofern er zur Nitritbildung neigende Legierungselemente enthält. Um solchen Gasgemischen den Charakter eines Schutzgases zu verleihen, muß das Verhältnis der fraglichen Gasbestandteile so gewählt werden, daß praktisch keine Reaktionsmöglichkeit mit dem Glühgut besteht. Gekennzeichnet ist dieser Zustand durch die *Gleichgewichtslage* der in Frage kommenden *chemischen Reaktionen*.

Man unterscheidet daher zweckmäßig zwischen *inerten* und *neutralen* Gasen. *Inerte* Gase sind die Edelgase und gegebenenfalls auch Stickstoff, die praktisch in keinem Zustand Reaktionen mit dem Werkstoff eingehen. *Neutrale* Gase befinden sich mit dem Werkstoff im chemischen Gleichgewicht, das, wie weiter unten gezeigt wird, durch die Gaszusammensetzung, Glühtemperatur, Art des Werkstoffes und gegebenenfalls auch durch den äußeren Druck bestimmt wird. Veränderungen eines dieser Faktoren können das Gleichgewicht stören und erneut chemische Umsetzungen veranlassen. Daraus erkennt man, daß es *keine* neutrale Schutzgasatmosphäre gibt, welche für *alle* Werkstoffe und für *jeden* Temperaturbereich uneingeschränkt verwendet werden kann. Die Praxis übernimmt die Kennzeichnung für eine „oxydierende", „reduzierende" oder „neutrale" Atmosphäre vielfach von der Feuerungstechnik. Hier wird eine Atmosphäre schlechthin als oxydierend bezeichnet, wenn der Brennstoff mit einem Überschuß an Luft verbrannt wird. Reduzierend nennt man hier eine Atmosphäre, die einen Überschuß an nichtverbrannten Gasen, wie CO, CH_4 oder H_2, hat. Dementsprechend bezeichnet man eine Atmosphäre, welche weder einen Überschuß an Sauerstoff noch an unverbrannten Bestandteilen enthält, als neutral. Nach dieser Definition müßte es relativ leicht sein, zu einer neutralen Gasatmosphäre zu gelangen. Sie entspricht jedoch nicht dem wahren chemischen Charakter des betreffenden Gasgemisches.

Wie oben schon angedeutet wurde, dürfen Schutzgasglühungen mit Gasgemischen, deren Bestandteile chemische Umsetzungen mit dem Werkstoff eingehen können, nur durchgeführt werden, wenn sich das Gasgemisch mit ihm im Gleichgewicht befindet. Die Bedingungen für das Bestehen eines solchen chemischen Gleichgewichtes sind durch das *Massenwirkungsgesetz* gekennzeichnet.

Für den Fall, daß es sich um eine Reaktion handelt, welche nur in einer Phase, beispielsweise nur zwischen gasförmigen Komponenten abläuft, so nimmt dieses Gesetz eine einfache Form an. Lautet die Gasreaktion

$$3A + B \longleftrightarrow 2C + D,$$

so gilt für den Gleichgewichtszustand

$$Kp = \frac{p_A^3 \cdot p_B}{p_C^2 \cdot p_D} \qquad (1)$$

Hierin sind p_A, p_B usw. die Partialdrücke*) der gasförmigen Reaktionsteilnehmer und Kp die Gleichgewichtskonstante. Gleichung (1) besagt, daß im Gleichgewichtszustand eine bestimmte Beziehung zwischen den Anteilen der Reaktionsteilnehmer im System bestehen muß. Von technischer Bedeutung wird weiter der Umstand, daß Kp mit der *Temperatur veränderlich* ist, womit sich auch das Verhältnis der im Gleichgewicht befindlichen Reaktionsteilnehmer mit der Temperatur ändert. Für Schutzgasglühungen darf dieser Umstand nicht außer acht gelassen werden, da das Glühgut stets eine *Auf-* und *Abheizperiode* zu durchlaufen hat.

Die Reaktionen, welche für das Glühen von metallischen Werkstoffen in Schutzgasen in Frage kommen, unterscheiden sich insofern von dem oben angeführten Beispiel, als es sich hier durchweg um Umsetzungen zwischen festen und gasförmigen Stoffen handelt, deren Gleichgewichtszustände, soweit es sich um reine Stoffe (unlegierte Metalle) handelt, allein durch die Konzentrationen der *gasförmigen* Reaktionsteilnehmer ausgedrückt werden können. Man spricht hier von *heterogenen* im Gegensatz zu obigen, den *homogenen* chemischen Reaktionen.

Ein Beispiel soll das erläutern. Nach Gleichung (1) müßte der Gleichgewichtszustand für die Umsetzung

$$Fe + H_2O \longleftrightarrow FeO + H_2$$

ausgedrückt werden durch die Beziehung (2)

$$Kp = \frac{p_{Fe} \cdot p_{H_2O}}{p_{FeO} \cdot p_{H_2}} \qquad (2)$$

Die Größen p_{Fe} und p_{FeO} sind nun für eine gegebene Temperatur konstant und unabhängig von der Menge des an der Reaktion beteiligten Eisens bzw. Eisenoxyduls. Sie können daher in die Konstante einbezogen werden, wodurch sich die Definition des Gleichgewichtszustandes vereinfacht. Er wird somit gekennzeichnet durch die Beziehung (3)

$$Kp' = \frac{p_{H_2O}}{p_{H_2}} \qquad (3)$$

*) Der Partialdruck p eines Gasbestandteiles errechnet sich aus dem Gesamtdruck $P = p_1 + p_2 + \cdots$ der Gasmischung nach folgendem Beispiel: Es handele sich um eine Gasmischung, bestehend aus 20 Vol.% CO, 30 Vol.% CO_2, 50 Vol.% N_2. Das Gemisch stehe unter einem äußeren Druck $P = 1{,}5$ at, dann ist:

$$p_{CO} = 0{,}2 \cdot 1{,}5 = 0{,}3 \text{ at.} \quad p_{CO_2} = 0{,}3 \cdot 1{,}5 = 0{,}45 \text{ at.} \quad p_{N_2} = 0{,}5 \cdot 1{,}5 = 0{,}75 \text{ at.}$$

$$P = p_{CO} + p_{CO_2} + p_{N_2} = 1{,}5 \text{ at.}$$

Die Veranschaulichung dieser Beziehung, insbesondere unter Berücksichtigung der technisch wichtigen Temperaturabhängigkeit der Gleichgewichtslage, erfolgt zweckmäßig in Form eines *Schaubildes*. Es kann dabei so vorgegangen werden, daß man *Kp'* — also das Mischungsverhältnis der beiden zueinander gehörenden gasförmigen Reaktionsteilnehmer im Gleichgewichtszustand — der Temperatur gegenüberstellt oder die Summe der für die betreffende Reaktion in Frage kommenden gasförmigen Reaktionsteilnehmer gleich hundert setzt und in dem Schaubild jeweils den auf die Grundreaktion bezogenen Anteil des fraglichen Gasbestandteiles angibt. Im Zusammenhang mit der Erörterung von Schutzgasfragen wird vorzugsweise die erste Anordnung gewählt, die auch in den vorliegenden Ausführungen bis auf eine Ausnahme (Bild 6) herangezogen werden soll.

Durch die Gleichgewichtskurve wird ein solches Schaubild in zwei oder mehr für die chemische Betrachtung wichtige *Zustandsfelder* geteilt. Eines davon ist das *Existenzfeld des blanken Metalls*, die anderen grenzen die Existenzfelder der im System möglichen Verbindungen bzw. Verbindungsgemische ab. Als Beispiel sind in den Bildern 1 und 2 die Gleichgewichtsverhältnisse für die Reaktionen des Eisens mit CO-CO_2- bzw. H_2-H_2O-Gemischen wiedergegeben, die bekanntlich im Rahmen des Schutzgasglühens von Eisen und Stahl von Interesse sind. Hier interessiert vor allem das Existenzgebiet des metallischen Eisens, in dem allein eine Schutzgasglühung möglich ist. So wird metallisches Eisen z. B. durch CO_2 in einem Gasgemisch, in welchem das Volumenverhältnis $CO_2 : CO = 0{,}90$ beträgt, bei 550° C nicht oxydiert. Oberhalb 600° C befindet man sich mit der obigen Mischung bereits im Existenzfeld des FeO; das metallische Eisen wird unter diesen Verhältnissen durch das *gleiche* Gasgemisch bei höheren Temperaturen oxydiert.

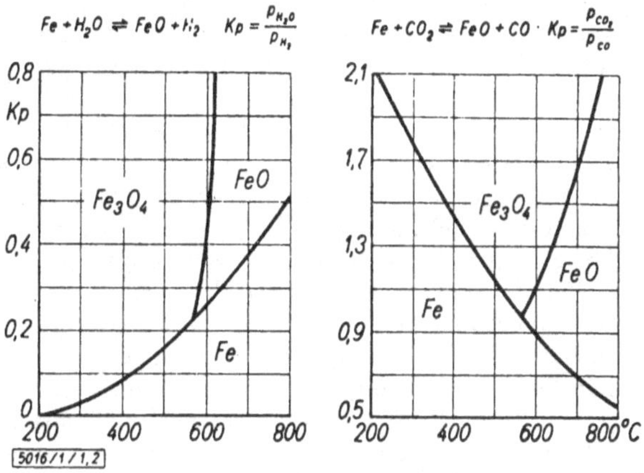

Bild 1 u. 2. Gleichgewichtsverhältnisse im System Fe-O-H und Fe-O-C.

x = Temperatur in ° C; y = Gleichgewichtskonstante *Kp*

Während der für die Aufrechterhaltung einer blanken Eisenoberfläche erforderliche Mindestgehalt an CO in CO-CO_2-Gemischen mit steigender Temperatur größer wird, liegen die Verhältnisse bezüglich des erforderlichen Mindestgehaltes an H_2 bei der Oxydation des Eisens in H_2-H_2O-Gemischen genau umgekehrt. Das obenerwähnte Gasgemisch $CO_2 : CO = 0{,}90$ gestattet bis etwa 600° C ein Blankglühen des Eisens (Bild 2); oberhalb 600° C wirkt es oxydierend. Ein Gasgemisch mit einem Mischungsverhältnis $H_2O : H_2 = 0{,}2$ bekommt oxydierende Tendenz dagegen erst beim *Unterschreiten* von etwa 550° C, während höhere Temperaturen nicht die Gefahr der Verzunderung mit sich bringen (Bild 1).

Damit liegen die Verhältnisse für die Oxydation des Eisens durch *Wasserdampf* für die Praxis des Blankglühens besonders ungünstig. Wie Bild 1 erkennen läßt, reichen bereits geringe Wasserdampfgehalte aus, um das Eisen bei niedrigen Temperaturen (in der Abheizperiode) oberflächlich zu oxydieren. Diese Verhältnisse führen zu der nunmehr verständlichen Forderung, wonach der Wasserdampf aus dem Schutzgas weitgehend *vorher* zu entfernen ist.

Ähnlich liegen die Verhältnisse für die Oxydation der metallischen Werkstoffe durch geringe *Sauerstoff*mengen, wie z. B. bei der Verwendung von Stickstoff als Schutzgas, wo Sauerstoff stets in geringen Gehalten als Verunreinigung auftritt. Der mit den Werkstoffen im Gleichgewicht befindliche Sauerstoffdruck steigt mit der Temperatur an. Mit steigender Temperatur können also größere Sauerstoffmengen im Gasgemisch vorliegen, ohne eine Verzunderung zu bewirken, als unter sonst gleichen Verhältnissen bei niedrigen Temperaturen, bei denen mithin die Gefahr der Oberflächenoxydation größer wird. Man könnte zunächst geneigt sein, anzunehmen, daß die Umsetzungsmöglichkeit zwischen Sauerstoff und dem metallischen Werkstoff mit steigender Temperatur durchweg größer wird, die geringen Sauerstoffanteile daher bei hohen Temperaturen gefährlicher sind als bei tiefen Temperaturen. Diese Vorstellung leitet sich aus dem Umstand ab, daß die *Umsetzungsgeschwindigkeit* zwischen den reagierenden Körpern mit der Temperatur meistens stark zunimmt. Im vorliegenden Falle handelt es sich jedoch um die Frage nach der *Umsetzungsmöglichkeit* zwischen den chemischen Stoffen, welche allein durch die Lage der Gleichgewichte der in Frage kommenden Reaktionen beantwortet wird. Hieraus erklärt sich beispielsweise die Beobachtung, daß hochlegierte Chromstähle in Gegenwart geringer Sauerstoff- bzw. Wasserdampfgehalte im Schutzgas bei hohen Temperaturen ohne Schwierigkeiten blankzuglühen sind, während sie bei niedrigen Glühtemperaturen vielfach wenn auch nur geringfügige Anfressungen der Werkstoffoberfläche zeigen.

Die Verwendung technischer Heizgase für die Erzeugung von Schutzgas erfordert, wie oben schon angedeutet wurde, besondere Aufmerksamkeit, da man es mit einer Reihe von Reaktionsmöglichkeiten zwischen den Bestandteilen des Gasgemisches und dem Werkstoff zu tun hat. Zur Beurteilung der Angriffsmöglichkeit der einzelnen Bestandteile müssen die Gleichgewichtsverhältnisse der entsprechenden Reaktionen bekannt sein. Es seien zunächst die Reaktionen herausgegriffen, welche für das Glühen von ***Eisen*** zu beachten sind.

Oxydationsreaktionen:

$$2\,Fe + O_2 \longleftrightarrow 2\,FeO$$
$$Fe + CO_2 \longleftrightarrow FeO + CO$$
$$Fe + H_2O \longleftrightarrow FeO + H_2$$

Entkohlungsreaktionen:

$$Fe_3C + O_2 \longleftrightarrow 3\,Fe + CO_2$$
$$Fe_3C + CO_2 \longleftrightarrow 3\,Fe + 2\,CO$$
$$Fe_3C + 2\,H_2 \longleftrightarrow 3\,Fe + CH_4$$

Kohlungsreaktionen:

$$3\,Fe + 2\,CO \longleftrightarrow Fe_3C + CO_2$$
$$3\,Fe + CH_4 \longleftrightarrow Fe_3C + 2\,H_2$$

Schwefelungsreaktionen:

$$Fe + H_2S \longleftrightarrow FeS + H_2$$
$$3\,Fe + SO_2 \longleftrightarrow FeS + 2\,FeO$$

Man erkennt aus der Vielzahl der zu beachtenden Reaktionsmöglichkeiten, daß es schwierig sein muß, die Zusammensetzung eines technischen Heizgases so zu gestalten, daß sich *alle* Gasbestandteile mit dem Werkstoff im Gleichgewicht befinden. In Ausnahmefällen kann eine Umsetzung zwischen Werkstoff und Gasphase erwünscht sein, so z. B. beim Glühen von Dynamoblechen, deren Gehalt an gelöstem Kohlenstoff möglichst niedrig sein soll. Hier ist eine weitgehende Entkohlung durch Wasserstoff durchaus erwünscht. Im allgemeinen wird es jedoch zweckmäßig sein, die *Reaktionsmöglichkeiten*, soweit das praktisch und wirtschaftlich zulässig ist, durch eine Vorbehandlung des Schutzgases zu *verringern*, indem man es z. B. von Wasserdampf, schwefelhaltigen Verunreinigungen usw. durch geeignete Reinigungsverfahren im vorhinein befreit. Durch die Verringerung der Gasbestandteile in Gasgemischen verringern sich die Schwierigkeiten zur Aufrechterhaltung des Gleichgewichtszustandes zwischen Gasphase und Werkstoff.

Für die Schutzgasbehandlung *anderer Metalle* gelten dieselben grundsätzlichen Überlegungen, wie sie für Eisen angestellt wurden. Auf Grund der verschiedenen Affinität zwischen den Bestandteilen der Gasphase und den einzelnen Metallen werden sich auch die entsprechenden Gleichgewichte ändern. So sind z.B. bei Metallen mit höherer Sauerstoffaffinität geringere Gehalte an oxydierenden Bestandteilen im Schutzgas erlaubt als bei solchen mit geringerer Sauerstoffaffinität. Das Blankglühen von Kupfer, welches eine relativ geringe Sauerstoffaffinität besitzt, gelingt bereits in sauerstofffreiem CO_2 oder H_2O. Metalle mit hoher Sauerstoffaffinität werden daher schon durch geringste Anteile an freiem Sauerstoff oder eines Sauerstoffträgers (auch CO) im Schutzgas oberflächlich oxydiert. So können hochlegierte *Chromstähle* praktisch selbst nicht mehr in CO-haltigen Atmosphären ohne oberflächlichen Angriff geglüht werden. Hier kommen dann praktisch nur noch Gasgemische aus N_2 und H_2 in Frage, auf deren Erzeugung noch eingegangen wird.

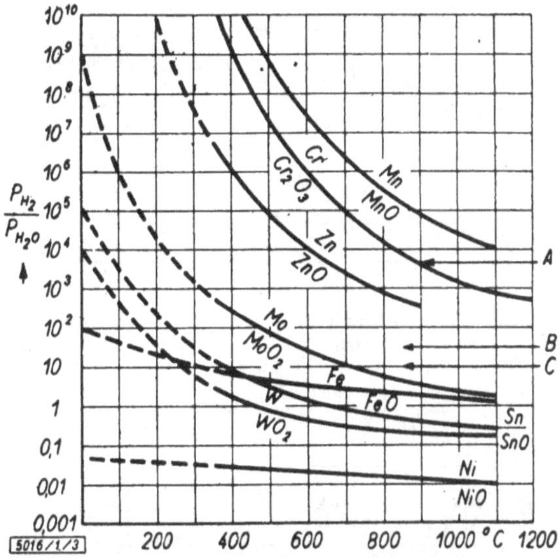

Bild 3. Gleichgewichtsdrücke von H_2-H_2O-Mischungen mit Metalloxyden in Abhängigkeit von der Temperatur.

x = Temperatur in °C
A = gespaltenes Ammoniak
B = auf 0°C gekühlt
C = Schutzgas aus Leuchtgas–Luft 1 : 2, auf 18° C gekühlt

Die gleichen Verhältnisse liegen bei den Metallen Aluminium und Magnesium vor. Entsprechend ihrer hohen Sauerstoffaffinität vermögen sie Kohlenoxyd oder Wasserdampf praktisch 100prozentig zu reduzieren. Diesem Umstand ist es zuzuschreiben, daß die Oxyde dieser Metalle durch reduzierende Gase bei den üblichen Glühtemperaturen nicht reduziert werden können. Eine Lötung dieser Metalle unter Schutzgas würde keinen Sinn haben, sie kann praktisch nur in Gegenwart eines geeigneten *Oxydlösungsmittels* erfolgen. Die Bilder 3 bis 5 geben die Unterlagen für die Reaktionsgleichgewichte verschiedener Metalle in H_2-H_2O-, CO-CO_2- und H_2-H_2S-Gemischen wieder. Auf die in ihnen vermerkten Angaben über gewisse Schutzgaszusammensetzungen wird weiter unten eingegangen. Jede dieser Gleichgewichtskurven teilt das Schaubild in zwei Felder, wobei die chemische Bezeichnung der fraglichen Stoffe so angeordnet ist, daß das reine Metall in das Gebiet fällt, in dem kein Angriff zu erwarten ist, während die entsprechende chemische Verbindung das Feld des Angriffes durch die Gasphase angibt. So wird beispielsweise

Nickel, wie das aus Bild 5 hervorgeht, bei 400° C durch ein Gasgemisch, in dem das Verhältnis $H_2 : H_2S$ größer als etwa 10 ist, nicht angegriffen. Nimmt das Verhältnis kleinere Werte an, so ist ein Angriff durch H_2S unter Bildung von NiS zu erwarten. Aus der Lage der Gleichgewichtskurven für die Umsetzungen von Mangan, Chrom und Zink mit CO-CO_2- bzw. H_2-H_2O-Gemischen erkennt man, daß eine Glühung praktisch nicht in Gegenwart von analytisch nachweisbaren Mengen CO_2 bzw. H_2O ohne oberflächliche Oxydation des Werkstückes vorgenommen werden kann. Ähnlich ungünstig liegen die Verhältnisse für H_2S-haltige Gase. Nennenswerte Mengen an CO_2 und H_2O neben entsprechenden Mengen an CO und H_2 sind, wie die Bilder 3 bis 4 erkennen lassen, ohne die Gefahr eines Angriffes nur bei Glühungen der reinen Metalle Eisen, Kupfer, Nickel, Molybdän, Zinn und Wolfram im Schutzgas erlaubt. Die meisten anderen Gebrauchsmetalle verlangen eine praktisch völlige Reinigung der Glühgase von CO_2 und H_2O.

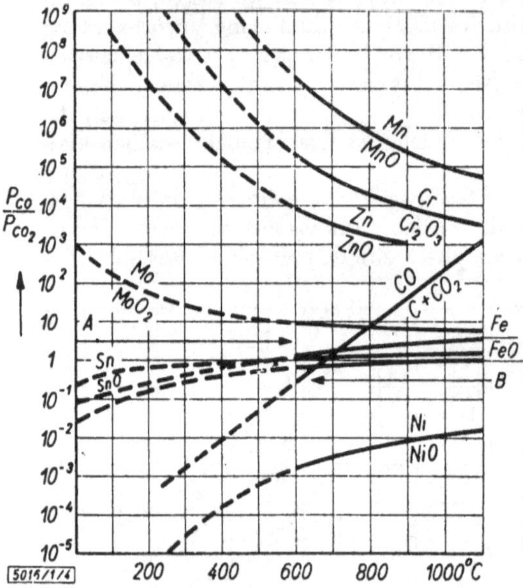

Bild 4. Gleichgewichtsdrücke von CO-CO_2-Gemischen mit Metalloxyden und C in Abhängigkeit von der Temperatur.

x = Temperatur in ° C
A = Schutzgas aus Leuchtgas – Luft 1 : 2
B = Schutzgas aus Leuchtgas – Luft 1 : 3,8

Man vermißt in den Bildern 3 und 4 zunächst entsprechende Angaben über *Kupfer*. Die Sauerstoffaffinität des Kupfers ist jedoch so gering, daß die Gleichgewichtsisobaren für die Umsetzung zwischen Kupfer und CO-CO_2- bzw. H_2-H_2O-Gemischen nahezu in die Abszisse der Schaubilder fallen. Das bedeutet für die Praxis des Schutzgasglühens, daß *Kupfer* durch reinen Wasserdampf und reines Kohlendioxyd im Temperaturbereich technischer Glühungen nicht angegriffen wird. Anders liegen die Verhältnisse für die Umsetzungen mit schwefelhaltigen Gasen, wie Bild 5 erkennen läßt. Die relativ hohe Schwefelaffinität der Metalle Eisen, Kupfer und Nickel machen eine gründliche Entschwefelung des Schutzgases erforderlich.

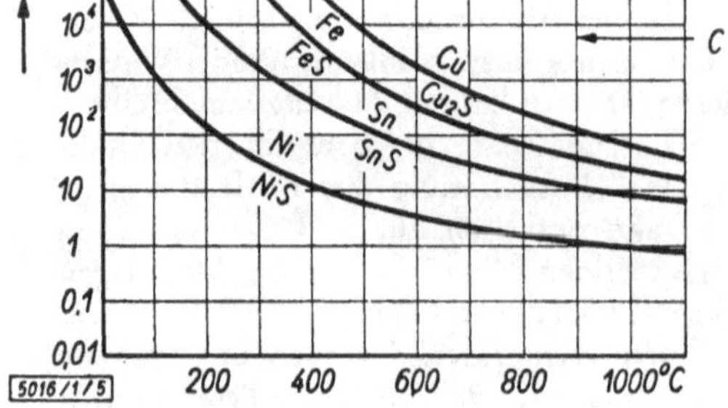

Bild 5. Gleichgewichtsdrücke von H_2-H_2S-Gemischen über Metallsulfiden in Abhängigkeit von der Temp.

x = Temperatur in ° C
A = Schutzgas Leuchtgas – Luft 1 : 2
B = Schutzgas Propan – Luft 1 : 15
C = Schutzgas Leuchtgas – Luft 1 : 2

Handelt es sich um das Löten oder Verschweißen von *Metallpaaren*, so wird die Zusammensetzung der Schutzgasatmosphäre durch das chemisch unedlere Metall bestimmt. Dies gilt z. B. für das Kupfer-Lötverfahren, welches in steigendem Maße in Schutzgasatmosphären durchgeführt wird. Finden hier Chromstähle mit mehr als 3 % Chrom Verwendung, wie z. B. beim Auflöten von Hartmetall, so muß die Schutzgaszusammensetzung auf die chemisch unedlen Chromstähle abgestellt werden. Daher empfiehlt sich für diesen Fall die Verwendung eines völlig trockenen und oxydfreien Gases, weil die Lötung sonst durch die Bildung dünner Oxydhäute stark behindert wird. Daneben muß auch die Möglichkeit der Kohlenstoffabscheidung aus der Gasphase unterbunden werden.

Die physikalisch-chemischen Überlegungen bezogen sich bislang nur auf die Glühung von reinen Metallen, während man es in der Praxis in vielen Fällen mit *Legierungen* zu tun hat. Es ist verständlich, daß sich die Gleichgewichtszusammensetzung der Gasphase mit Art und Menge des Legierungsbestandteiles ändert. Im Schrifttum finden sich nur wenig Angaben, aus denen diese Zusammenhänge für die üblichen Metallegierungen zu entnehmen wären. Genauere Unterlagen besitzt man heute im wesentlichen nur über die Gleichgewichtsverhältnisse zwischen kohlenstoffhaltigen unlegierten Stählen und kohlenstoffhaltigen Gasen. Man kann die Schutzgaszusammensetzung für das Glühen von Legierungen, falls entsprechende Unterlagen fehlen, auf den unedleren Legierungsbestandteil abstellen. Bei einem Chromstahl z. B. würde man die Schutzgaszusammensetzung für reines metallisches Chrom wählen. Die so gewählte Gasphase ist zwar eine Schutzgasatmosphäre für jede Eisen-Chrom-Legierung, sie entspricht jedoch den für die Praxis ungünstigsten Verhältnissen, nämlich der Blankglühung von reinem Chrom. In Wirklichkeit ändert sich die Sauerstoffaffinität von Legierungen und damit auch das für ein Blankglühen erlaubte Mindestmaß an oxydierenden Bestandteilen in der Gasphase nach ganz bestimmten Verhältnissen, die durch das Zustandsschaubild der betreffenden Legierungen widergespiegelt werden. Handelt es sich um eine Legierung, die im festen Zustand *homogene Mischkristalle* über alle Konzentrationsbereiche bildet, so wird sich die Sauerstoffaffinität und damit auch die Schutzgaszusammensetzung mit Bezug auf die Sauerstoffträger der Gasphase mit verändertem Legierungsgehalt *stetig* ändern. Ein Legierungstyp mit einer *Mischungslücke* im festen Zustand erfährt im Konzentrationsbereich dieser Lücke *keine* Änderung der Sauerstoffaffinität, so daß auch die Schutzgaszusammensetzung in diesem Konzentrationsbereich unverändert bleiben kann. Die Tatsache, daß die meisten technischen Legierungen zum Teil recht komplizierte Zustandsschaubilder besitzen, ist der Grund dafür, daß die Kenntnisse von den Gleichgewichtsverhältnissen für Gasreaktionen mit technischen Legierungen noch recht lückenhaft sind *).

Eingehendere Unterlagen über die Beziehungen zwischen Legierungsgehalt und Zusammensetzung der Gasphase liegen, wie oben schon angedeutet, vornehmlich für die Reaktionen im System Fe-C-O vor. Sie sind für eine Reihe technisch interessanter Prozesse von großer praktischer Bedeutung geworden. Da auch das Schutzgasglühen vorzugsweise an Eisenwerkstoffen vorgenommen wird, so soll auf die Verhältnisse in diesem System näher eingegangen werden.

Bild 6 gibt den für das *Schutzgasglühen von Eisen und Stahl* interessierenden Ausschnitt des Systems Fe-C-O wieder. Gleichzeitig enthält es die Gleichgewichtskurve für die Umsetzung des Eisens mit methanhaltigen Gasgemischen. Durch die Gleichgewichtskurve für die Umsetzung $FeO + CO \rightleftarrows Fe + CO_2$ wird das Schaubild

*) Eingehendere Ausführungen über die Theorie der metallurgischen Gleichgewichte siehe bei *W. Baukloh*, Die physikalisch-chemischen Grundlagen der Metallurgie, Akademie-Verlag, Berlin 1949

in die Existenzbereiche des metallischen Eisens und des Eisenoxyduls (Wüstit) unterteilt. Auf den Ordinaten sind die CO- bzw. CH_4-Gehalte in Vol.% aufgetragen. Man erhält diese Werte, wenn man z. B. die CO- plus CO_2-Gehalte des Gasgemisches gleich hundert setzt, und gewinnt so ein für die folgenden Diskussionen besonders geeignetes *Diskussionsschaubild.*

Zur *Verhütung der Eisenoxydation* müssen die CO-CO_2-haltigen Gasgemische so zusammengesetzt sein, daß die nach dem obigen Schema errechneten Werte für CO bzw. CO_2 im Existenzfeld des metallischen Eisens liegen. Hier besteht nun weiterhin die Möglichkeit einer Umsetzung zwischen Kohlenoxyd und metallischem Eisen entsprechend der Gleichung

$$3\,Fe + 2\,CO \rightleftarrows Fe_3C \text{ (bzw. Fe-C-Mischkristalle)} + CO_2.$$

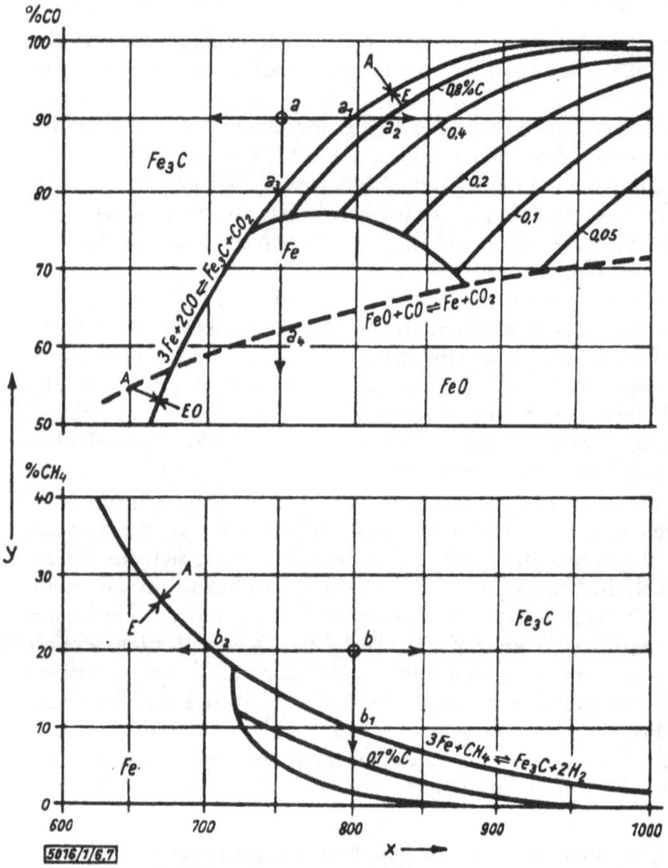

Bild 6. Diskussionsschaubild für die Aufkohlung von Eisen in CO- und CH_4-haltigen Gasgemischen für 1 at.

x = Temperatur in °C
y = Vol.% CH_4 bzw. CO im CH_4-H_2- bzw. CO-CO_2-Gemisch
A = Aufkohlung, E = Entkohlung
EO = Entkohlung und Oxydation

Da metallisches Eisen bei höheren Temperaturen *Kohlenstoff* in *wechselnden* Mengen lösen kann, so kommt es je nach Gaszusammensetzung und Temperatur zu definierten Gleichgewichten zwischen Eisen-Kohlenstoff-Legierungen und Gasphase, welche für einige Kohlenstoffgehalte in Bild 6 ebenfalls wiedergegeben sind. Zunächst sei darauf hingewiesen, daß ein *gegebenes* Gasgemisch aus Kohlenoxyd und Kohlensäure bei *verschiedenen Temperaturen* über *verschiedenen* Eisen-Kohlenstoff-Legierungen im Gleichgewicht ist, so daß die Frage, ob dieses Gasgemisch auf Stahl und Eisen auf- oder entkohlend wirkt, nur im Zusammenhang mit den in Bild 6 wiedergegebenen Gleichgewichtsverhältnissen zu beantworten ist. Da das *aufkohlende Glühen* von Eisen (*Einsatzhärtung*) an Hand der gleichen Unterlagen diskutiert werden kann, soll an dieser Stelle auch auf diesen Vorgang näher eingegangen werden. Bild 6 ist zu diesem Zweck in Form eines Diskussionsschaubildes gezeichnet worden, welches die Möglichkeit geben soll, diese technisch interessanten Überlegungen theoretisch zu vertiefen.

Es wurde oben schon angedeutet, daß das Schaubild durch die Gleichgewichtskurven in eine Reihe von Feldern unterteilt wird. Diese kennzeichnen unter anderem auch die *Reaktionsrichtung*, welche von der betreffenden Reaktion unter bestimmten Voraussetzungen eingeschlagen wird. Handelt es sich z. B. um ein Gasgemisch, in welchem sich die CO- und CO_2-Anteile wie 90 : 10 verhalten, so befindet sich dieses Gasgemisch bei 750° C (Punkt a) in einem Gebiet, in dem die Gasphase mit Bezug auf das angestrebte Gleichgewicht (a_3) über Eisen als festem Bodenkörper an CO übersättigt ist. Es besitzt demnach das Bestreben, eine Umsetzung in Richtung $3\,Fe + 2\,CO \rightarrow Fe_3C + CO_2$ unter Bildung von Fe_3C und Kohlendioxyd zu vollziehen; *Eisen wird aufgekohlt.* Diese Überlegung gilt für alle Gasgemische, die im Gebiete *links* von der Gleichgewichtslinie für die Umsetzung des Eisens mit Kohlenoxyd liegen. Zur Kennzeichnung dieses Umstandes wurde die betreffende Seite der Gleichgewichtslinie mit A versehen. Umgekehrt liegen die Verhältnisse im Felde *rechts* von der Gleichgewichtslinie. Hier besitzen alle Gasgemische mit Bezug auf Fe_3C oder auch an C gesättigten Mischkristallen einen Unterschuß an CO, der nur durch eine Reaktion in Richtung $Fe_3C + CO_2 \rightarrow 3\,Fe + 2\,CO$ behoben werden kann; das Gasgemisch wirkt *entkohlend* auf Fe_3C- bzw. auf C-gesättigte Mischkristalle. Die betreffende Seite der Gleichgewichtslinie, welche an dieses Feld grenzt, ist mit E versehen.

Verfolgt man die Konzentrationshorizontale von Punkt a aus nach rechts, so ist zu erkennen, daß das gleiche Gasgemisch bei höheren Temperaturen in a_1, a_2, ... über Legierungen mit *verschiedenen* Fe-C-Gehalten im Gleichgewicht ist. Erhitzt man das fragliche Gasgemisch auf 800° C, so ist bei a_1 die Gleichgewichtslinie für die Umsetzung $3\,Fe + 2\,CO \leftrightarrows Fe_3C + CO_2$ erreicht. Während es bei niedrigen Temperaturen Neigung zu Fe_3C-Bildung zeigte, befindet es sich in diesem Punkt mit Fe_3C und dem bei dieser Temperatur gesättigten Fe-C-Mischkristall im Gleichgewicht.

Die Tatsache, daß die Gleichgewichtsverhältnisse bei verschiedenen Temperaturen *sowohl* für Fe_3C als auch für die bei den entsprechenden Temperaturen vorliegenden *gesättigten Fe-C-Mischkristallen* gelten, leitet sich aus den Verhältnissen im Zustandsschaubild der Fe-C-Legierungen ab. Hier befindet sich bekanntlich entlang der E-S-Linie ebenfalls Zementit mit gesättigten Fe-C-Mischkristallen verschiedener Zusammensetzung (bei verschiedenen Temperaturen) im Gleichgewicht. Bei a_1 wird also weder Auf- noch Entkohlung von Fe_3C bzw. den entsprechenden an Kohlenstoff gesättigten Mischkristallen beobachtet.

Anders liegen die Verhältnisse für kohlenstoffarmes Eisen. Das Gleichgewicht sieht z. B. bei a_2 einen Kohlenstoffgehalt von 0,8% im Stahl vor. Stähle mit niedrigerem Kohlenstoffgehalt können unter diesen Verhältnissen (a_2) mithin bis zu maximal 0,8% C aufgekohlt werden, während Stähle mit höherem Kohlenstoffgehalt bis zu diesem Kohlenstoffgehalt entkohlt werden können. Mit *steigenden Temperaturen* verschieben sich die Gleichgewichte für gegebene CO-CO_2-Gemische zu geringeren C-Gehalten im Eisen; die *entkohlende Tendenz* wird *größer*. Bei 900° C würde das fragliche Gasgemisch z. B. auf Eisen mit 0,4% entkohlend, auf Eisen mit 0 2% jedoch aufkohlend wirken. Verfolgt man die chemische Tendenz des CO-CO_2-Gasgemisches von a aus zu niedrigeren Temperaturen, so beobachtet man im Gegensatz zu den noch zu erörternden Verhältnissen bei der Aufkohlung durch CH_4-haltige Gase, daß die aufkohlende Tendenz des Gemisches in diesem Temperaturbereich gegenüber Eisen erhalten bleibt.

Eine Änderung kann die chemische Tendenz nun noch durch eine *Änderung der Zusammensetzung des Gasgemisches* erfahren. Geht man bei der Betrachtung wieder von Punkt a aus, so erkennt man, daß eine Herabsetzung des CO-Anteiles unterhalb a_3 in das Gebiet der Entkohlung von Fe_3C bzw. des bei 750° C gesättigten Mischkristalles führt. Bei weiterer Steigerung des CO_2-Anteiles gelangt man zunächst in das Gebiet des reinen Eisens (α-Eisen oder Ferrit), in dem weder eine Aufkohlung noch eine Oxydation des Eisens durch die Gasphase zu befürchten ist. Bei a_4 wird die Gleichgewichtslinie für die Oxydation des Eisens durch CO_2 erreicht; hier liegt für 750° C der Beginn der Eisenoxydation durch Kohlendioxyd in CO-CO_2-Gemischen. Die in Bild 6 wiedergegebenen Verhältnisse beziehen sich auf reine Eisen-Kohlenstoff-Legierungen. Sie müssen, wie das oben bereits grundsätzlich festgestellt wurde, Korrekturen erfahren, sobald das Eisen höhere Anteile an Karbid bildenden oder mit hoher Sauerstoffaffinität versehenen Elementen enthält. Das Gleichgewicht für die Oxydation des Eisens *verschiebt sich mit höheren Gehalten* z. B. an Mangan oder Chrom zu höheren CO-Anteilen in der Gasphase, so daß die Gefahr der Oxydation des Werkstückes in CO-CO_2-Gemischen größer wird. Die Gleichgewichtskurve für die Umsetzung $FeO + CO \rightleftarrows Fe + CO_2$ in Bild 6 rückt damit nach oben und schnürt das Gebiet der Aufkohlung immer weiter ab, so daß der Augenblick eintreten kann, wo eine zunderfreie Aufkohlung durch CO-CO_2-Gemische unmöglich wird. Für den Fall der Einsatzhärtung *hochlegierter Stähle* sind daher mit Bezug auf die Aufkohlung durch CO-CO_2-Gemische Grenzen gesetzt. Man wird hier dann vorzugsweise auf die Kohlenwasserstoffe zurückgreifen müssen, die eine Oxydation des Metalles ausschließen. Entsprechende Veränderungen erfahren die Kohlungskurven auch durch die Bildung stabiler Karbide. Unter sonst gleichen Verhältnissen wird die Kohlenstoffkonzentration im Eisen mit steigendem Gehalt an karbidbildenden Elementen größer werden.

Die *Aufkohlung in methanhaltigen Gemischen* ist ebenfalls durch eine entsprechende Gleichgewichtskurve für die Umsetzung $3\,Fe + CH_4 \rightleftarrows Fe_3C + 2H_2$ gekennzeichnet. Wie Bild 6 erkennen läßt, liegen die Verhältnisse hier insofern anders, als die kohlende Tendenz eines gegebenen CH_4-H_2-Gemisches (Punkt b) im Gegensatz zu CO-CO_2-haltigen Gemischen mit steigender Temperatur größer wird und umgekehrt, so daß bei höheren Glühtemperaturen schon geringe CH_4-Gehalte genügen, um eine Aufkohlung des Eisens zu bewirken. Mit einem Gasgemisch, bestehend aus 80 Vol.% H_2 und 20 Vol.% CH_4 gelangt man mit fallender Temperatur bei b_2 bereits in das Gebiet der Entkohlung. In gleicher Weise wirken steigende H_2-Gehalte, wie das aus der Veränderung der Gaszusammensetzung in Richtung $b \rightarrow b_1$ zu ersehen ist. Auf Grund der Kohlenstofflöslichkeit des Eisens im Austenitgebiet ist auch hier ein entsprechendes Feld für die Gleichgewichte zwischen Austenit und der Gasphase zu erwarten.

Die oben angestellten Überlegungen gelten in gleicher Weise auch für Gasgemische aus einer größeren Anzahl von Gasbestandteilen, bei denen, wie im obigen Beispiel, das Verhältnis $CO_2 : CO = 0{,}11$ beträgt, wenn sich die übrigen Gasbestandteile an der Reaktion *nicht* beteiligen, wie z. B. Stickstoff, oder aber zu einem anderen Gleichgewicht führen.

Bild 7 enthält neben einer Zusammenstellung der Reduktions-Oxydations-Gleichgewichte auch die Kohlungsgleichgewichte in CO_2-CO- und CH_4-H_2-haltigen Gasgemischen. Zur besseren Handhabung für den Schutzgasfachmann sind auf der Abszisse hier wiederum die Kp'-Werte aufgetragen. Da sich die Kohlungsgleichgewichte mit dem Kohlenstoffgehalt des Stahles ändern, so sind hier der Einfachheit halber die Verhältnisse für mit Kohlenstoff gesättigten Stahl wiedergegeben. Die Kohlenstoffkonzentration in den äußersten Schichten des Werkstückes dürfte bei der Einsatzhärtung praktisch in der Nähe der Kohlenstoffsättigung liegen, so daß die in Bild 7 wiedergegebenen Unterlagen auch für die Vorgänge bei der Einsatzhärtung zu benutzen sind. Die Gebiete für die verschiedenen Reaktionstendenzen der Gasgemische sind durch entsprechende Hinweise neben den Gleichgewichtskurven gekennzeichnet.

Die beiden CO_2-CO-Kurven umgrenzen das Feld, in dem der Stahl durch CO_2-CO-Gasgemische zwar entkohlt wird, aber *zunderfrei* geglüht werden kann. Die beiden Kurven schneiden sich beim maximal zulässigen CO_2-Anteil in der Gasphase.

Die voraufgegangenen Überlegungen bestätigten den schon eingangs gegebenen Hinweis, daß die Schaffung einer Schutzgasatmosphäre aus Gasgemischen mit einer größeren Anzahl von Komponenten, welche sich in jedem Augenblick mit dem Glühgut im Gleichgewicht befinden müssen, praktisch überaus schwierig ist. Wird der Gleichgewichtszustand für eine Temperatur erreicht, so muß er auf Grund der Temperaturabhängigkeit der Gleichgewichte in der Auf- oder Abheizperiode wieder zu einem Ungleichgewicht werden, d. h., während dieser Periode sind erneut schädliche Umsetzungen der Gasphase mit dem Werkstoff zu erwarten. Es wurde bereits darauf hingewiesen, daß die Zahl der reaktionsfähigen Gaskomponenten im Schutzgas aus diesem Grunde möglichst gering gehalten werden muß, was bis zu einem gewissen Grad durch Vorschaltung einer geeigneten Gasreinigung erreicht werden kann. Am einfachsten liegen natürlich die Verhältnisse, wenn man beim Glühen weder auf Auf- noch Entkohlung zu achten hat, sondern lediglich auf blanke Oberfläche hinarbeiten will.

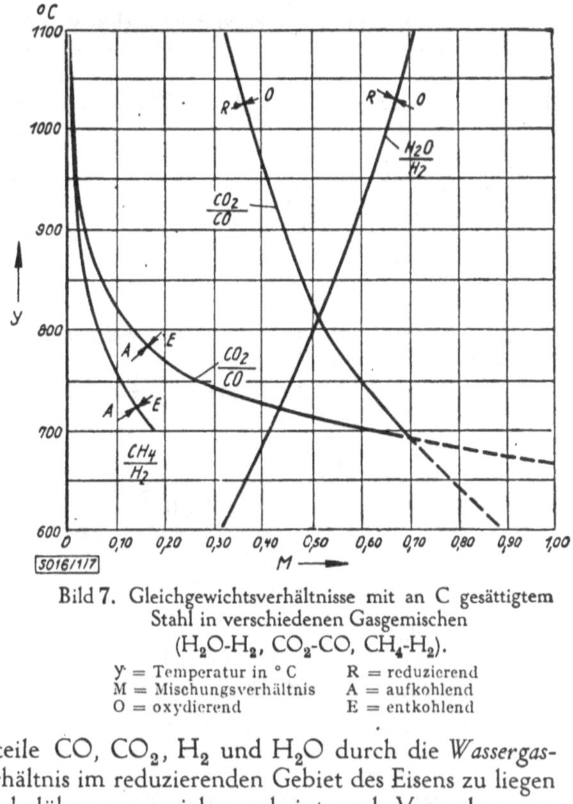

Bild 7. Gleichgewichtsverhältnisse mit an C gesättigtem Stahl in verschiedenen Gasgemischen (H_2O-H_2, CO_2-CO, CH_4-H_2).

y = Temperatur in °C, R = reduzierend, M = Mischungsverhältnis, A = aufkohlend, O = oxydierend, E = entkohlend

Die Auffassung, daß infolge der Kopplung der Gasbestandteile CO, CO_2, H_2 und H_2O durch die *Wassergasumsetzung* nur das CO_2-CO-Verhältnis im reduzierenden Gebiet des Eisens zu liegen braucht, um einwandfreies Blankglühen zu erzielen, scheint nach Versuchen von *F. Eisenstecken* und *E. Schauff* (1) *praktisch* nicht zuzutreffen. Einmal verläuft die Wassergasumsetzung bei tiefen Temperaturen nur träge, zum andern konnte durch eingehende Versuche festgestellt werden, daß selbst kleine Mengen Wasserdampf bei 180° C ein Blauanlaufen des Stahlbleches verursachen.

Berechnung von Schutzgasatmosphären

Wenn die experimentellen Unterlagen für die Ermittlung geeigneter Schutzgaszusammensetzungen insbesondere für das Glühen unlegierter Metalle oder von Metallpaaren auch heute schon zum Teil in ausreichendem Maße vorliegen, so dürfte der Weg, welcher für die Berechnung von Gasgemischen mit Schutzgaseigenschaften einzuschlagen ist, doch weiterhin technisches Interesse behalten.

Eine Grundlage für die Berechnung von Gleichgewichten für die Umsetzungen zwischen Gasen und Metallen bietet die *Näherungsgleichung von Nernst.* Sie lautet:

$$\log Kp = -\frac{W_{25}}{4{,}57 \cdot T} + 1{,}75\, N \log T + \Sigma i'$$

Hierin ist Kp = Gleichgewichtskonstante
W_{25} = Wärmetönung der Reaktion bei 25° C (frei werdende Wärmemenge wird mit +, verschwindende mit — bezeichnet)
T = absolute Temperatur = t° C + 273

Die Zahl 4,57 ist das Produkt aus R der universellen Gaskonstante in cal (1,986) und dem Umrechnungsfaktor von ln auf log (2,3).

N = Anzahl der verschwindenden minus Anzahl der entstehenden Gasmole
$\Sigma i'$ = Summe der „konventionellen" chemischen Konstanten der gasförmigen Reaktionsteilnehmer.

Zahlentafel 1 enthält einige konventionelle chemische Konstanten.

H_2	1,6	J_2	3,9	SO_2	3,3
CH_4	2,5	HCl	3,0	CO_2	3,2
N_2	2,6	HBr	3,2	CS_2	3,1
O_2	2,8	HJ	3,4	NH_3	3,3
CO	3,5	NO	3,5	H_2O	3,6
Cl_2	3,1	N_2O	3,3	CCl_4	3,1
Br_2	3,2	H_2S	3,0	C_6H_6	3,0

Zahlentafel 1. Einige „konventionelle" chemische Konstanten.

Beispiele:

Gefragt sei nach dem zum Blankglühen von Chrom einzuhaltenden Verhältnis von $H_2O : H_2$ für eine Glühtemperatur von 800° C. Die Frage wird durch die Gleichgewichtsverhältnisse der Reaktion

$$2\,Cr + 3\,H_2O \rightleftarrows Cr_2O_3 + 3\,H_2 + 94000 \text{ cal}$$

beantwortet.

$$Kp' = \frac{p^3_{H_2O}}{p^3_{H_2}}$$

Es ist $T = 1073 \quad W_{25} = +94000 \quad N = 0$

$$\Sigma i' = 3 \cdot 3{,}6_{(H_2O)} - 3 \cdot 1{,}6_{(H_2)} = +6$$

$$\log Kp' = -\frac{94000}{4{,}57 \cdot 1073} + 6$$

$$\log \frac{p_{H_2O}}{p_{H_2}} = -\frac{94000}{4{,}57 \cdot 1073 \cdot 3} + \frac{6}{3} = -4{,}37 = +0{,}63 - 5$$

$$\frac{p_{H_2O}}{p_{H_2}} = \frac{0{,}000043}{1}$$

Die Oxydation von Chrom erfolgt nach diesem Ergebnis bereits durch sehr geringe Wasserdampfpartialdrucke. Um ein Blankglühen von Chrom bei 800° C zu gewährleisten, müßte das Verhältnis $H_2O : H_2$ kleiner als 0,000043 gehalten werden.

Als weiteres Beispiel sei die Frage gestellt, ob reiner Wasserdampf bei 600 °C als Schutzgas für Kupfer gelten kann.

Die Frage wird durch die Gleichgewichtsverhältnisse der Reaktion

$$2\,Cu + H_2O \rightleftarrows Cu_2O + H_2 - 16798 \text{ cal}$$

beantwortet.

$$Kp' = \frac{p_{H_2O}}{p_{H_2}}$$

$$W_{25} = -16798 \qquad T = 600 + 273 = 873$$

$$N = 0 \qquad \Sigma i' = 3{,}6 - 1{,}6 = 2$$

$$\log Kp' = -\frac{-16798}{4 \cdot 57 \cdot 873} + 2 = +6{,}21$$

$$Kp' = \frac{p_{H_2O}}{p_{H_2}} \text{ rund } 1{,}6 \cdot 10^6$$

Der Wert für Kp' läßt erkennen, daß das Gleichgewicht obiger Reaktion ganz auf der linken Reaktionsseite liegt, so daß zwischen reinem Wasserdampf und Kupfer praktisch keine Umsetzung zu erwarten ist.

Soweit die *Entropien* der Reaktionsteilnehmer heute schon bekannt sind, empfiehlt sich die Verwendung folgender Näherungsgleichung:

$$\log Kp = -\frac{W_{25}}{4{,}573 \cdot T} + \frac{\Sigma s_{25}}{4{,}573}$$

s_{25} = Entropie der Reaktionsteilnehmer bei 25° C.

Beispiel:

Es soll das maximal zulässige Verhältnis von $CO_2 : CO$ berechnet werden, unter dem Eisen bei 850° C verzunderungsfrei geglüht werden kann. Die Frage wird durch die Gleichgewichtsverhältnisse der Reaktion

$$Fe + CO_2 \rightleftarrows FeO + CO - 3400 \text{ cal}^{*)}$$

beantwortet.

Es ist $T = 1123$, $W_{25} = -3400$

$$\Sigma s_{25} = 6{,}5_{(Fe)} + 51{,}08_{(CO_2)} - 14{,}2_{(FeO)} - 47{,}32_{(CO)} = -3{,}94$$

$$\log Kp = -\frac{-3400}{4{,}573 \cdot 1123} - \frac{3{,}94}{4{,}573} = +0{,}66 - 0{,}86 = -0{,}20 = 0{,}8 - 1$$

$$Kp = 0{,}63$$

Wenn eine Oxydation des Eisens vermieden werden soll, muß das Verhältnis $CO_2 : CO$ in der Gasphase also kleiner als 0,63 gehalten werden.

Eingehendere Ausführungen sind bei *W. Baukloh*, Die physikalisch-chemischen Grundlagen der Metallurgie, Akademie-Verlag, Berlin 1949, zu finden.

Technische Durchführung von Schutzgasglühungen

Die verschiedenen Schutzgase und ihre Herstellung

Wasserstoff: Zunächst benutzte man vorwiegend Wasserstoff zum Blankglühen von Blechen. Seine Verwendung ist jedoch nur so lange zu empfehlen, als es sich um Werkstoffe handelt, mit denen er keine schädlichen Reaktionen eingeht, wie z. B. bei Kohlenstoffstählen, wo eine Wasserstoffentkohlung (2) zur Herabsetzung der Güteeigenschaften führen kann. Nach *Th. Stassinet* und *C. R. Austin* soll Wasserstoff dagegen zum Blankglühen von siliziumhaltigen Transformatorenblechen zu empfehlen sein, da sowohl die entkohlende wie die kornvergröbernde Wirkung des Wasserstoffs für die magnetischen Eigenschaften der Bleche von Vorteil ist. Bei Eisen-Nickel-Legierungen greift man ebenfalls gern auf reinen Wasserstoff zurück. Für das Blankglühen von Kupfer ist Wasserstoff nur dann zu verwenden, wenn das Metall sauerstofffrei ist. Etwa vorhandenes Kupferoxydul setzt sich mit dem Wasserstoff zu Wasserdampf um, wobei das Kupfergefüge aufgeweitet wird, was mit einer empfindlichen Herabsetzung der Tiefziehfähigkeit verbunden ist. *W. Baukloh* und Mitarbeiter (1) haben diesen Vorgang, der vielfach mit „Wasserstoffkrankheit" bezeichnet wird, einer eingehenderen Betrachtung unterzogen. Da Kupfer eine verhältnismäßig geringe Sauerstoffaffinität besitzt, so kann hier, wie das aus dem obigen Rechnungsbeispiel bereits hervorgeht, sauerstofffreier Wasserdampf als Schutzgas Verwendung finden.

Nach einem Verfahren der *Heraeus*-Vakuumschmelze (DRP 661121) kann Wasserstoff für das Blankglühen von kohlenstoffhaltigen Stählen herangezogen werden, wenn man ihn durch flüssiges Benzol leitet und mit Benzoldämpfen in einem Umfange belädt, die den Glühbedingungen entspricht.

Die Herstellung von Wasserstoff erfolgt für diesen Zweck vorwiegend in großen elektrolytischen Anlagen.

---

*) Für Temperaturen oberhalb der α-γ-Umwandlung des Eisens muß die Umwandlungswärme in Höhe von 440 cal von W_{25} in Abzug gebracht werden.

Stickstoff: Stickstoff verhält sich gegenüber den meisten Gebrauchsmetallen bei den üblichen Glühtemperaturen praktisch indifferent. Man würde ihn daher als Schutzgas verwenden können, wobei er noch den Vorzug besitzt, nicht explosiv zu sein. Die Verwendung von reinem Stickstoff als Schutzgas ist jedoch verhältnismäßig kostspielig, da er stets geringe Mengen Sauerstoff mitführt, welche nur schwer zu entfernen sind.

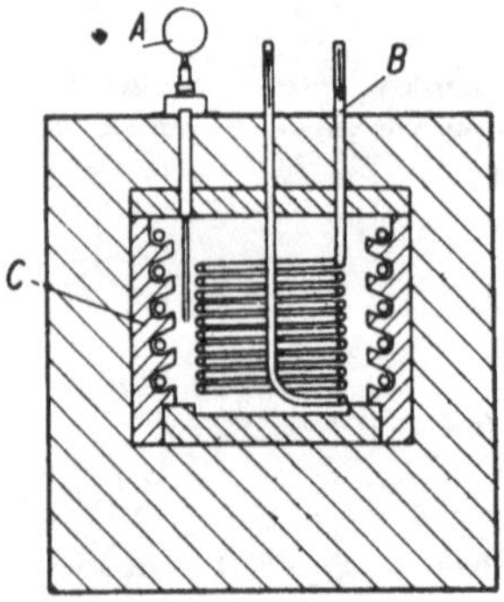

Bild 8. Schutzgaserzeuger für Ammoniakzerlegung (nach *Pawlek*).

A = Temperaturmesser
B = Rohrschlange mit Kontaktstoff
C = Beheizung

Wasserstoff-Stickstoff-Gemische: Nach Untersuchungen von *H. W. Gillett* sollen sich Mischungen von Stickstoff und Wasserstoff, bestehend aus 93 % N_2 und 7 % H_2, für die Glühung von Werkzeugstahl gut bewährt haben. Es wurde dabei weder eine Spur von Oxydation noch Entkohlung beobachtet. Die Herstellung solcher Mischungen kann durch Verbrennung von elektrolytisch gewonnenem Wasserstoff unter Luftmangel erfolgen. Der dabei entstehende Wasserdampf wird entweder durch Ausfrieren oder durch Überleiten über Trocknungsmittel, wie Kieselgel, aktivierte Tonerde u. a., entfernt.

Nach gebräuchlicheren Verfahren geht man heute von wasserstofffreiem flüssigem *Ammoniak* aus. Der Ammoniakdampf wird in eine von außen beheizte Retorte geleitet, in welcher er bei 800—900° C in Wasserstoff und Stickstoff im Verhältnis 75 : 25 zerlegt wird. Der Vorteil dieses Verfahrens besteht in der Gewinnung eines vollkommen wasserdampffreien Schutzgases. Ein Nachteil ist die Explosionsfähigkeit, vor allem in Berührung mit Luftresten. Der verhältnismäßig hohe Wasserstoffgehalt kann sich bei Glühung von kohlenstoffhaltigen Stählen ebenfalls nachteilig auswirken.

Die technische Durchführung der Ammoniakspaltung macht keine Schwierigkeiten. Das Ammoniakgas wird einer Stahlflasche entnommen und durch eine Spirale aus hitzebeständigem Stahl geleitet, welche in einem geeigneten Ofen auf 800—900° C erhitzt wird. Die Spirale enthält einen Katalysatorstoff — vorwiegend feinverteiltes Eisen —, in dessen Gegenwart sich die Spaltung praktisch vollständig vollzieht. Bild 8 gibt die Vorrichtung schematisch wieder.

Wirtschaftlich und auch metallurgisch vorteilhafter ist die Verwendung von *teilweise verbranntem Ammoniak*. Man gelangt auf diesem Wege zu Stickstoff-Wasserstoff-Gemischen mit höherem Stickstoffgehalt, wobei die für das gleiche Schutzgasvolumen benötigten Ammoniakmengen geringer werden. Der Stickstoffgehalt des Gases kann sich dabei auf 60—98 % erhöhen. Zahlentafel 2 enthält eine Zusammenstellung der gebräuchlichsten Schutzgase nach einer Mitteilung von *F. Pawlek*, welche auch die damals gültigen Preise je m³ nennt.

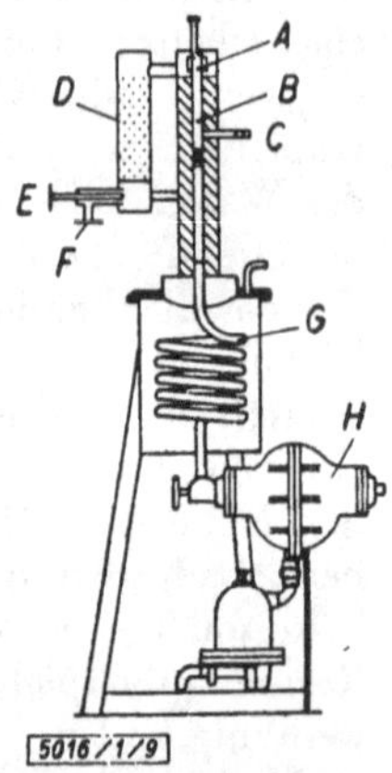

Bild 9. Schutzgaserzeuger für Ammoniakverbrennung (nach *Pawlek*).

A = Kontaktraum
B = Brennkammer
C = Stutzen für Gasrückführung
D = Mischkammer
E = NH_3-Eintritt
F = Lufteintritt
G = Gasrückkühler
H = Wasserabscheider

Durch die teilweise Verbrennung von Ammoniak reichert sich das Verbrennungsgasgemisch an Wasserdampf an, der durch Tiefkühlung bzw. Trocknung mit Silikagel bis auf 0,1 g/m³ gebracht werden kann. Bild 9 gibt schematisch die Anordnung für die unvollkommene Verbrennung von Ammoniak wieder. Das Gemisch aus Ammoniak und Luft gelangt über erhitztes Nickeldrahtnetz zur Verbrennung. Da der Preis für gespaltenes und

Herstellungsart	Mischungsverhältnis mit Luft	Zusammensetzung							Preis je m³ RM
		H_2 Vol.%	CO Vol.%	CO_2 Vol.%	CH_4 Vol.%	N_2 Vol.%	H_2O g/m³	S g/m³	
Wasserstoff	—	100	—	—	—	—	—	—	0,50
Spalten von Ammoniak	—	75	—	—	—	25	0,1	—	0,30
Unvollkommene Verbrennung von Ammoniak	1 : 1,5 bis 1 : 3,5	40—2	—	—	—	60—98	20—0,1	—	0,18
Unvollkommene Verbrennung von Propan	1 : 14 bis 1 : 22	20—2	9—3	3—11	1—0	66—86	20—0,1	0,005	0,07
Unvollkommene Verbrennung von Leuchtgas	1 : 2 bis 1 : 4	20—2	10—3	4—10	1—0	66—86	20—0,1	0,06	0,015
Generatorgas	—	17	30	6	3	43	20	1,5	0,008
Holzkohlen-generatorgas ...	—	0—2	30—25	2—5	—	68	5—0 1	—	?
Endogas	Erdgas 1 : 2,5	36—39	20—21	0.4—0	0,5-0,9	44—40	15—1	—	?

Zahlentafel 2. Zusammensetzung der gebräuchlichen Schutzgase (nach *F. Pawlek*).

unvollkommen verbranntes Ammoniak, wie Zahlentafel 2 zu entnehmen ist, noch relativ hoch ist, wurden Verfahren entwickelt, welche die *Wiedergewinnung* und *Regenerierung* der den Glühofen verlassenden Gase ermöglichen. Nach einer Mitteilung von *F. Pawlek* gelingt es so, den Schutzgasverbrauch bei entsprechender Bauart des Ofens etwa auf den zehnten Teil zu verringern.

Teilweise verbrannte Heizgasgemische: In größerem Umfange werden je nach den örtlichen Verhältnissen *Generatorgas, Hochofengas, Koksofengas* oder *Naturgas* für die Herstellung von Schutzgasen herangezogen. Es handelt sich dabei um Gasgemische, die in den seltensten Fällen unmittelbar Verwendung finden können. Im Hinblick auf die im theoretischen Teil der Abhandlung bereits diskutierten Überlegungen müssen sie zunächst einer geeigneten Vorbehandlung unterzogen werden. Diese Vorbehandlung besteht einmal in einer möglichst weitgehenden *Entfernung der Schwefelverbindungen* und weiterhin in einer *Verbrennung unter Luftmangel.* Durch diese teilweise Verbrennung von definierten Gas-Luft-Gemischen werden infolge Volumenvermehrung nicht nur die Schutzgaskosten bedeutend herabgesetzt, sondern auch die Voraussetzungen für die Gewinnung eines Schutzgases von bestimmter, je nach der Art und Zusammensetzung des Glühgutes und der Glühtemperatur veränderlicher Zusammensetzung geschaffen. Schutzgase aus den obengenannten Heizgasen sind vor allem billig und meistens auch explosionssicher.

Der für die Oxydation schädliche Wasserdampf wird durch Tiefkühlung oder geeignete Trocknungsmittel auf das notwendige Mindestmaß heruntergebracht. Er soll für unlegierte Stähle möglichst unter 2 g/Nm³ liegen. Überschüssiges Kohlendioxyd kann durch Waschen in Kalkwasser, Soda, Kalilauge oder auch mit Wasser unter hohem Druck weitgehend entfernt werden. Verzichtet man auf das Auswaschen, so muß die oxydierende Wirkung des Kohlendioxyds durch die Gegenwart ausreichender Mengen reduzierender bzw. aufkohlender Gase, wie CO, oder Kohlenwasserstoffe kompensiert werden. Schwefeldioxyd und Schwefelwasserstoff werden gleichzeitig durch die Verfahren zur Entfernung von Feuchtigkeit und Kohlendioxyd aus dem Gas entfernt.

Die Herstellung von Schutzgas aus teilweise verbranntem *Koksofen-* oder *Naturgas* ist vor etwa 20 Jahren zuerst in Amerika praktisch durchgeführt worden, wo das Gas entsprechend der Bezeichnung für die Erzeugeranlagen den Namen D.X.-Gas erhielt. Das Ausgangsgas wird dabei mit einer zur vollkommenen Verbrennung unzureichenden Menge Luft umgesetzt; die Verbrennungsgase werden darauf entsprechend gereinigt. Die teilweise Verbrennung gestattet eine Anpassung der Gaszusammensetzung an die Art und die Zusammensetzung des Glühgutes sowie der Glühtemperatur. Da aus 1 m³ Koksofengas je nach dem Grad der Teilverbrennung bis zu 4 m³ Schutzgas

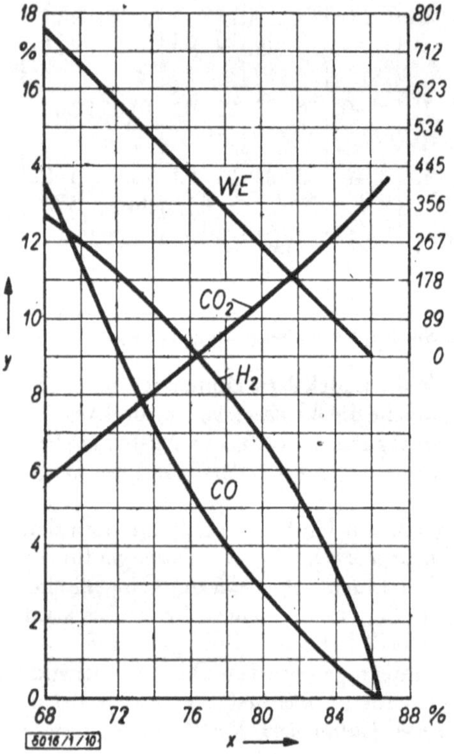

Bild 10. Gleichgewichtsanalysen für 22000 WE Propangas (C_3H_8 · 100 %) nach Verbrennung bei verschiedenen Gas-Luft-Mischungsverhältnissen.

Z = Wärmeeinheit/m³
X = N_2-Gehalt in %
Y = CO_2-, CO- und H_2-Gehalt in %

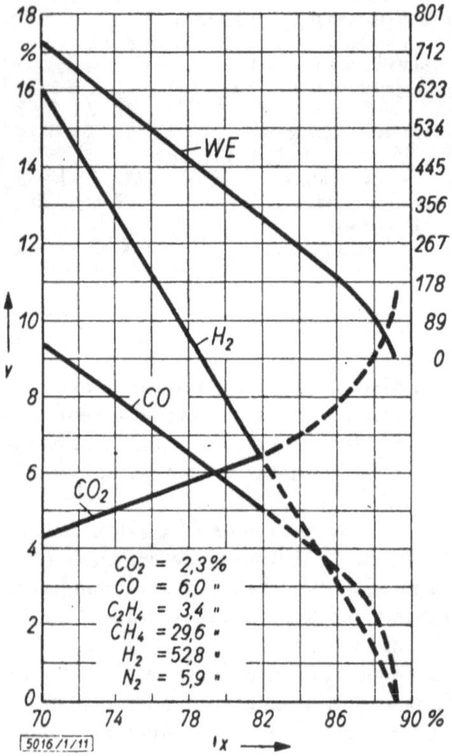

Bild 11. Gleichgewichtsanalysen für ein Koksofengas von 4700 WE nach Verbrennung bei verschiedenen Gas-Luft-Mischungsverhältnissen.

Z = Wärmeeinheit/m³
X = N_2-Gehalt in %
Y = CO_2-, CO- und H_2-Gehalt in %

erzeugt werden, ist dieses Gasgemisch billiger als Koksofengas. Durch die Teilverbrennung werden Methan und die anderen Kohlenwasserstoffe überwiegend in CO, CO_2 und Wasser übergeführt. Die Gleichgewichtsanalysen für Koksofengas und Propangas nach der Verbrennung sind für verschiedene Gas-Luft-Mischungsverhältnisse in den Bildern 10 und 11 wiedergegeben. Diese Schutzgase sind für Wasserstoffgehalte unter 10 % praktisch explosionssicher.

Die Lage verschiedener Schutzgasgemische zu den Reaktionsgleichgewichten ist in den Bildern 3 bis 5 angedeutet. Man kann hieraus ersehen, welche Metalle ohne Gefahr in den betreffenden Schutzgasen geglüht werden können und bei welchen eine Umsetzung mit der Gasphase zu befürchten ist.

Eingehendere Untersuchungen über das Blankglühen von Feinblechen aus kohlenstoffarmem Stahl wurden von *F. Eisenstecken* und *E. Schauff* durchgeführt. Die verwendete Schutzgaserzeugeranlage hatte eine Leistung von 100 m³ Schutzgas in der Stunde. Die schematische Darstellung dieser Anlage ist Bild 12 zu entnehmen. In der Verbrennungskammer (1) wird das zugeführte Gas-Luft-Gemisch bei Temperaturen zwischen 1000 und 1200° C verbrannt. Die Verbrennungsgase passieren die Rohre

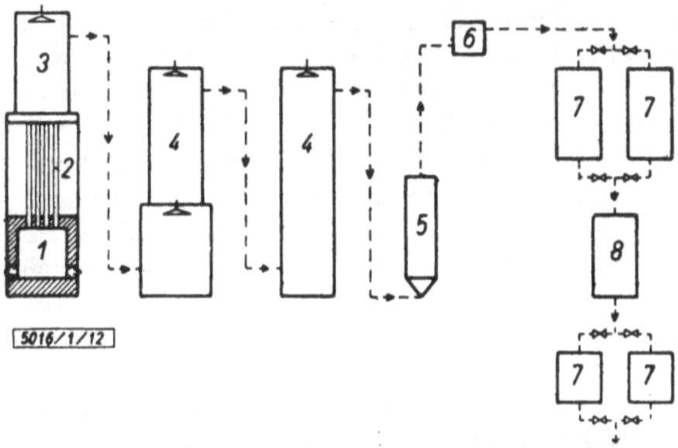

Bild 12. Schematische Darstellung einer Anlage zur Schutzgaserzeugung (nach *F. Eisenstecken* u. *E. Schauff*).

1 = Verbrennungskammer 5 = Rieselkammer
2 = Dampfkessel 6 = Wasserabscheider
3 = Rieselturm 7 = Trockentürme
4 = Laugenwaschtürme 8 = Kupferkontaktofen

eines Niederdruckdampfkessels (2), kühlen hier ab und werden anschließend im Rieselturm (3) mit Wasser auf 30—40° C abgekühlt. Ein großer Teil des im Gas enthaltenen Wasserdampfes wird hier bereits niedergeschlagen. Soll der Kohlendioxydgehalt des Gases herabgesetzt werden, so wird es in den Laugenwaschtürmen (4) einer geeigneten Behandlung unterzogen. Das gilt insbesondere für die Glühbehandlung von *hochgekohlten* Stählen. Beim Blankglühen von *kohlenstoffarmem Stahl* kann man auf eine Auswaschung verzichten, wenn das CO_2-CO-Verhältnis der Verbrennungsgase den Bedingungen, wie sie durch Bild 6 bzw. 7 gekennzeichnet sind, genügt. In einer weiteren Rieselkammer (5) werden die Gase auf 10—20° C abgekühlt. Das abgeschiedene Wasser wird im Wasserabscheider (6) aufgefangen. Um den Wasserdampfgehalt auf unter 2 g/m³ (oder 0,24 Vol.%) im Schutzgas zu bringen, werden die Gase durch die Trockentürme (7) geführt. Diese sind mit Kieselgel versehen und gestatten einen wechselnden Betrieb. Während der eine mit Schutzgas zur Trocknung beschickt wird, wird der andere durch Heißluft von 180—220° C getrocknet. Nach dem Umschalten auf Schutzgas muß auf restlose Verdrängung der Heißluft durch Schutzgas geachtet werden. Wie *Eisenstecken* und *Schauff* in ihrer Arbeit betonen, dürfte das Trocknen der Schutzgase durch geeignete Tiefkühlung wesentlich einfacher und zuverlässiger sein.

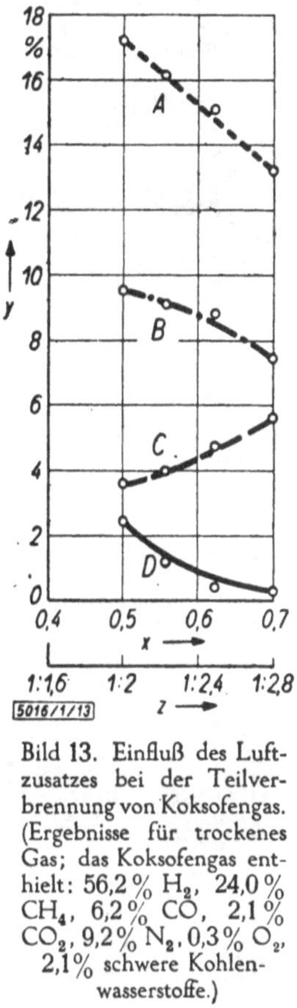

Bild 13. Einfluß des Luftzusatzes bei der Teilverbrennung von Koksofengas. (Ergebnisse für trockenes Gas; das Koksofengas enthielt: 56,2% H_2, 24,0% CH_4, 6,2% CO, 2,1% CO_2, 9,2% N_2, 0,3% O_2, 2,1% schwere Kohlenwasserstoffe.)

x = Luftfaktor
y = Bestandteile in %
z = Verhältnis Gas : Luft
A = Wasserstoff
B = Kohlenoxyd
C = Kohlendioxyd
D = Methan

Die *Zusammensetzung* des Schutzgases nach Verlassen des Rieselturmes und der Trockenanlage ist Bild 13 zu entnehmen. Zusammensetzung und Menge des Schutzgases sind in erster Linie abhängig vom Luftfaktor, dem Verhältnis des wirklichen Luftzusatzes zur theoretisch für die Verbrennung notwendigen Luftmenge. Bei kleinem Luftfaktor enthält das Schutzgas noch größere Mengen Methan, wobei der Wasserstoffgehalt gegebenenfalls bis zu 20% ansteigen kann. Nach Ansicht von *W. Pohl* sollte für das Blankglühen von Eisen und Stahl eine Verbrennungstemperatur von 800—900° C genügen. Dieses Ergebnis konnte von *Eisenstecken* und *Schauff* nicht bestätigt werden. Sie ermittelten für einen Luftfaktor von 0,5 schon eine Temperatur von 1150° C, wobei das erzeugte Schutzgas immer noch über 2% Methan enthielt. Bei einem Luftfaktor von 0,625 entstand aus der Verbrennung von 1 m³ Koksofengas 2,8 m³ Schutzgas. *Eisenstecken* und *Schauff* geben die Kosten für 1 m³ eines so erzeugten Schutzgases einschließlich Tilgung und Verzinsung der Anlagekosten zu etwa 50% des Preises von Koksofengas an. Wird CO_2 mit Kalkwasser ausgewaschen, so betragen die Kosten etwa 80—90%. Nach Vorschlägen von *D. W. Parkes* und *R. B. Evans* kann das CO_2 einfacher und billiger mit Dipiperidyl als Absorptionsmittel entfernt werden, welches sich durch Erwärmen leicht regenerieren läßt.

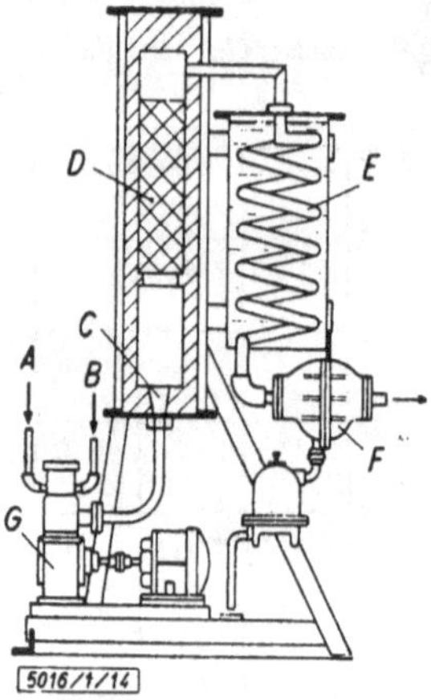

Bild 14. Schutzgaserzeuger für unvollständige Verbrennung von Leuchtgas oder Propan.
A = Gaseintritt
B = Lufteintritt
C = Brenner
D = Verbrennungskammer
E = Gasrückkühler
F = Wasserabscheider
G = Mischpumpe mit Antriebsmotor

F. Pawlek beschreibt ein besonderes Gerät zur unvollkommenen Verbrennung von Leuchtgas bzw. Propan, das in Bild 14 schematisch wiedergegeben ist. Gas und Luft werden von einer Pumpe angesaugt und gemeinsam zu einem Brenner geführt. Das Gasgemisch verbrennt in einem Raum aus feuerfestem Werkstoff und wird dann zur vollständigen Umsetzung noch über einen Katalysator geleitet. Das überschüssige Wasser wird in einem Kühler niedergeschlagen und vermittels eines Wasserabscheiders aus dem Gasstrom entfernt. Eventuell notwendig werdende weitere Reinigungsprozesse müßten hinter dieses Gerät geschaltet werden. Bild 14a zeigt die praktische Ausführung solch einer Schutzgaserzeugungsanlage für eine Leistung von 30 Nm³/h. Die Zündung des Gemisches erfolgt von Hand mit einer Flamme im Stutzen der Brennkammer.

Bild 14 a. Schutzgaserzeugungsanlage für eine Leistung von 30 Nm³/h (Bauart AEG).

Ein kurzer Hinweis sei in diesem Zusammenhang noch auf die Erzeugung von Schutzgas durch *Verkracken von Leuchtgas* unter Hinzufügen von Wasserdampf bei 1000° C gegeben. Nach *Weber* wird der Verkrackungsvorgang in elektrischen Apparaten durchgeführt. Das so erhaltene Schutzgas hat daher den Namen „Elektrolen" erhalten. Aus 34 m³ Leuchtgas werden bei einem Stromverbrauch von 80 kW-Stunden 56 m³ Elektrolengas erzeugt. In den Vereinigten Staaten hat es Verbreitung gefunden.

Ein in den Vereinigten Staaten gebräuchliches Verfahren zur Herstellung von Schutzgasen aus der teilweisen Verbrennung von Heizgasen ist weiterhin das schematisch in Bild 15 wiedergegebene. Es ist geeignet zur Erzeugung von 530 m³ Schutzgas je Stunde aus Koksofengas. Die Hauptbestandteile dieser Anlage bestehen aus einer Verbrennungskammer mit Katalysator, aus dem Brenner und Düsenmischer, einer Kühl- und Wasserdampfentfernungsanlage, die den Wasserdampf nach der Verbrennung zu entfernen hat, dem Kohlensäurewäscher und den notwendigen Überwachungs-

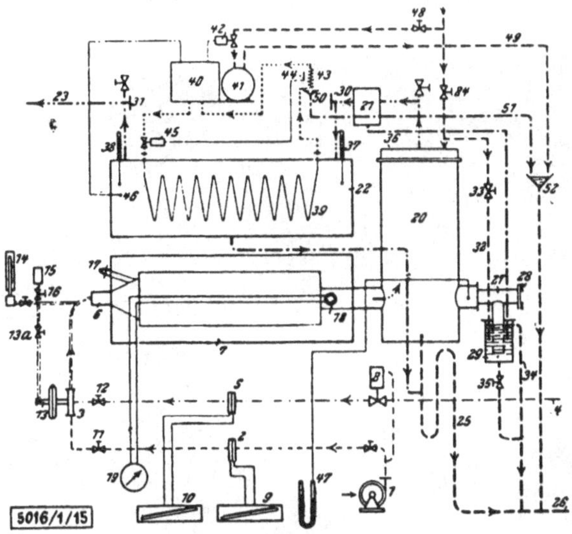

Bild 15. Grundsätzliche Anordnung der „*Schilde*-Schutzgas-Erzeugungsanlage".

1 = Luftgebläse
2 = Meßstrecke für Druckluft
3 = Einspritzdüsenmischer mit Membranregler
4 = Frischgasleitung
5 = Meßstrecke für Frischgas
6 = Gasbrenner
7 = Verbrennungskammer
8 = Luftmangelventil
9 = Schrägrohrmanometer für Luft-Unterschiedsdruck
10 = Schrägrohrmanometer für Gas-Unterschiedsdruck
11 = Druckluftregelbahn
12 = Frischgasabsperrhahn
13 = Regelschraube zum Membranregler
13 a = Steuerhahn zum Membranregler
14 = Gemischdruckanzeiger
15 = Verbrennungsprüfer
16 = Absperrhahn zum Verbrennungsprüfer
17 = Zündloch
18 = Thermoelement
19 = Millivoltmeter
20 = Rieselkühler
21 = Tropfenabscheider
22 = Gastrocknungskammer
23 = Schutzgasentnahmeleitung
24 = Kühlwasserhahn
25 = Kühlwassersiphon
26 = Abwassersammelleitung
27 = Auspuff-T-Stück
28 = Verschlußplatte zum Auspuff
29 = Wassersperre
30 u. 31 = Überdruckmembranen
32 = Fülleitung zur Wassersperre
33 = Absperrhahn zur Wassersperren-Fülleitung
34 = Überlauf zur Wassersperre
35 = Entleerung zur Wassersperre
36 = Entwässerungsleitung zum Tropfenabscheider 21
37 = Thermometer für Schutzgaseintrittstemperatur
38 = Thermometer für Schutzgasaustrittstemperatur
39 = Verdampferschlange zur Kältemaschine
40 = Kompressionskältemaschine
41 = Kondensator zur Kältemaschine
42 = selbsttätiges Kühlwasserventil
43 = Nachverdampferschlange
44 = Thermostat
45 = Expansionsventil
46 = Thermostat für Schutzgasaustrittstemperatur
47 = Wassermanometer für Brennkammerdruck
48 = Kühlwasserhahn zur Kältemaschine
49 = Kühlwasserabfluß zur Kältemaschine
50 = Tauwassertrichter zur Nachverdampferschlange
51 = Entwässerungsleitung zu 50
52 = Auffangtrichter für 49 u. 51

Frischgas
Druckluft
Gas-Luft-Gemisch
Verbrennungs- bzw. Schutzgas
Kühlwasser
Tauwasser
Kältemittel

geräten. Die Verbrennungsluft wird vom Gebläse (1) gefördert und gelangt über die Meßbrücke (2) zum Injektordüsenmischer (3), wobei sie das durch Leitung (4) über Meßbrücke (5) eintretende Koksofengas ansaugt. Das Gas-Luft-Gemisch gelangt von dort zum Brenner (6) und wird in der Verbrennungskammer (7) verbrannt. Beim Versagen der Einrichtung durch Stromstörung schließt sich das in die Frischgasleitung eingebaute Luftventil (8) automatisch. Die Messung der Frischgasmenge und der Verbrennungsluft erfolgt in den Meßstrecken (2), (5), (9) und (10). Hahn (11) reguliert die Verbrennungsluftmenge und damit die Gemischmenge. Der Verbrennungsprüfer (15), der durch den Hahn (16) betätigt wird, gestattet eine angenäherte Prüfung des Verhältnisses zwischen Luft und Gas. Die Verbrennungsgase strömen aus der Verbrennungskammer (7), welche bei der Einstellung auf unvollkommene Verbrennung auf 800—900° C aufgeheizt werden muß, in den Rieselkühler (20), der mit Kalkstein oder Koks gefüllt ist, zum Tropfenabscheider (21), von dort aus zur Gastrockenkammer (22) und über die Leitung (23) als fertiges Schutzgas zur Verwendungsstelle. Der größte Teil des Verbrennungswassers wird durch Herunterkühlen auf etwa 20°C abgeschieden und fließt über die Leitung (26) mit dem Kühlwasser ab. Das Auspuff-T-Stück (27) vermittelt den Auslaß für die Abgase in der Zeit des Anheizens der Verbrennungskammer und wird erst geschlossen, wenn diese die notwendige Betriebstemperatur erreicht hat. (29), (30) und (31) sind Sicherungen gegen Überdruck durch Verpuffen. Das Schutzgas hat nach Verlassen des Tropfenabscheiders noch einen Feuchtigkeitsgehalt von etwa 17 g/m³. Es muß daher noch eine Nachtrocknung erfolgen, die in der Gastrockenkammer (22) vorgenommen wird. In diese ist die Verdampferschlange (39) einer Kompressionskältemaschine mit einem wassergekühlten Kondensator (41) eingebaut. An Stelle dieser Trocknungsanlage kann auch Kieselgel Verwendung finden. Die Gesamtansicht dieser Anlage, welche der Bauart *Surface Combustion Schilde* entspricht, ist in Bild 16 wiedergegeben.

Bild 16. Schutzgas-Erzeugungsanlage mit einer Leistung von 530 m³/h (Bauart „Surface Combustion *Schilde*").

Für das neutrale Glühen von *hochgekohlten Stählen* ist in neuerer Zeit ein weiteres Verfahren angegeben worden, in welchem das sogenannte *Endogas* erzeugt wird. In einem zusätzlich geheizten Verbrennungsraum werden bei 900—1050° C Leuchtgas, Erdgas oder Propan mit etwa 30% der zur vollständigen Verbrennung theoretisch erforderlichen Luftmenge gemischt und über einem Katalysator zur Umsetzung gebracht. Die aus den Oxydationsreaktionen frei werdenden Wärmemengen reichen nicht aus, um den gesamten Prozeß ohne äußere Wärmezufuhr zu betreiben, so daß er praktisch *endotherm* verläuft; daher die Bezeichnung „Endogas".

Das so gewonnene Gas soll sich mit Bezug auf seine Komponenten im Gleichgewicht befinden und kann ohne Nachbehandlung zur Schutzgasglühung Verwendung finden. Zahlentafel 3 enthält einige Schutzgasanalysen von Endogas für das Glühen von Stählen mit verschiedenen Kohlenstoffgehalten nach *J. R. Gier*.

Kohlenstoffstahl mit % C (Glühtemperatur 925° C)	Gaszusammensetzung in Vol.%						Kontaktofen Temperatur in ° C
	H_2O	CO_2	CO	H_2	CH_4	N_2	
0,2	1,80	0,4	19,7	35,7	0,7	43,5	905
0,64	0,50	0	20,1	39,3	0,5	40,1	990
0,94	0,26	0	20,9	39,0	0,7	39,9	—
1,34	0,13	0	20,6	38,6	0,9	39,9	—

Zahlentafel 3. Zusammensetzung von Endogas für verschiedene Kohlenstoffstähle.

Die Analyse des Gases wird durch Änderung des Gas-Luft-Verhältnisses und die Temperatur im Kontaktofen gesteuert. Eine jeweilige Kontrolle der Schutzgaseigenschaften kann mit Hilfe eines dünnen, manganhaltigen Stahldrahtes erfolgen, welcher für die Dauer von etwa 10 Min. bei 925° C mit dem Gas in Berührung kommt. Der aufgenommene Kohlenstoff wird durch eine geeignete elektrische Widerstandsmessung angezeigt.

Die Anlage, welche im wesentlichen nur aus zwei Gasmeßgeräten, einem Mischgebläse und dem Kontaktofen besteht, ist betrieblich einfach zu handhaben.

Der Vollständigkeit halber sei noch auf die Erzeugung von Schutzgas aus *Holzkohlengeneratorgas* (*N. K. Koebel*) hingewiesen. Für Deutschland dürfte dieser Weg wohl nur in Ausnahmefällen zu beschreiten sein, da er auf Grund des Mangels an Holzkohle hier praktisch nicht in größerem Umfang gangbar ist. Durch die Verwendung von Holzkohle ist ein hoher Reinheitsgrad des erzeugten Schutzgases gewährleistet. Zur Verminderung des CO_2-Gehaltes wird das Gas möglichst der heißen Zone des Generators entnommen. Dem Gas können im Hinblick auf die zu glühenden Werkstoffe noch Benzol, Methan oder Ammoniak zugesetzt werden.

Ganz allgemein dürfte das Schutzgas am besten und billigsten sein, welches einen möglichst hohen Stickstoffgehalt neben geringen Mengen reduzierender Gase besitzt und möglichst frei von Sauerstoff, Wasserdampf und Schwefelverbindungen ist.

Das Schutzgasglühen von Metallen

Die physikalisch-chemischen Grundlagen für das Schutzgasglühen von Metallen, Metallegierungen und Metallpaaren wurden eingangs bereits eingehend erörtert. Sie gaben Auskunft über die einzuhaltenden Bedingungen, wenn ein zunder- und ent- bzw. aufkohlungsfreies Glühen bei verschiedenen Werkstoffen gewährleistet sein soll. An dieser Stelle folgen noch einige technische Erfahrungen.

In größerem Umfange finden die Schutzgasglühungen

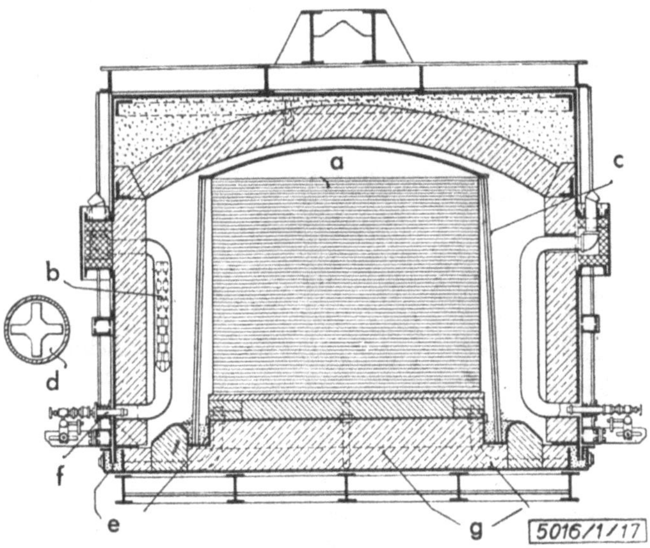

Bild 17. Haubenglühofen mit senkrechten Strahlheizrohren, Bauart „Lee Wilson". (Siehe hierzu Stahl u. Eisen *56* (1936), S. 972, Bild 1.)

a = Beschickung c = innere Haube e = Sanddichtung
b = Strahlheizrohre d = Rohreinsatz f = Brenner
g = Rohr für Thermoelement

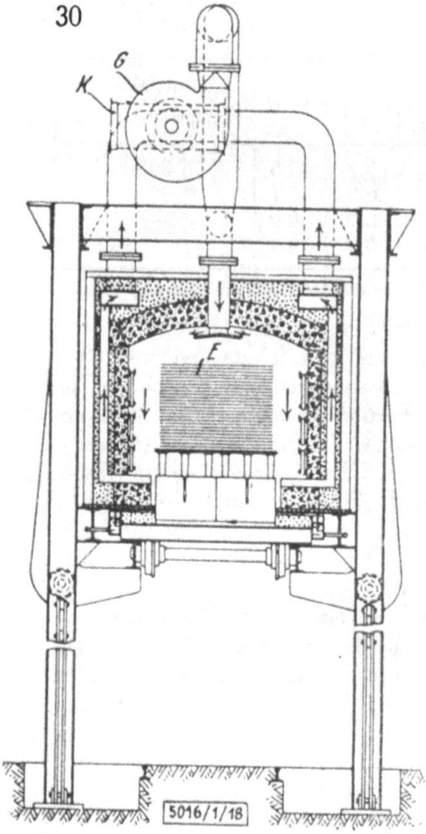

Bild 18. Elektrohaubenglühofen mit Luftumwälzung. (Nach Use of Electric Furnaces for Box Annealing by *A. N. Otis*; siehe hierzu Iron Steel Engr. *11* [1934], S. 250, Bild 5.)

Bild 18a. Haubenglühofen zum Glühen von Stahlbändern (Bauart AEG).

bei der Herstellung von Blechen im sogenannten Haubenglühverfahren Anwendung. Bild 17 zeigt einen *Haubenglühofen* mit senkrechten Strahlheizrohren der Bauart *Lee Wilson*. Der Ofen besteht im wesentlichen aus drei Teilen: der eigentlichen Heizhaube, der Schutzhaube aus hitzebeständigem Stahlblech und dem Untersatz. Dieser Untersatz ist gegen die Haube durch Dichtungskanäle abgedichtet, welche mit feinkörnigem Sand angefüllt sind. Daneben enthält er Anschlüsse für den Zu- und Abfluß des Schutzgases und Einführungsrohre für die Thermoelemente. Der Ofenraum ist mit Schutzgas angefüllt, die Aufheizung erfolgt durch senkrecht oder waagerecht angeordnete Strahlheizrohre aus hitzebeständigem Stahl, die an ihrem Ende kleine regulierbare Brenner besitzen.

Für das Glühen von Dynamo- und Transformatorenblechen findet der *Elektrohaubenglühofen* mit Luftumwälzung, wie er in Bild 18 wiedergegeben ist, bevorzugte Anwendung. Zur Erzielung guter elektrischer und magnetischer Eigenschaften erfolgt die Glühbehandlung in Wasserstoff oder Stickstoff-Wasserstoff-Gemischen. Das beschleunigte Abkühlen der Beschickung wird durch Luftbestreichung oder Wasserberieselung der Schutzhaube erreicht. Bild 18a zeigt die Ausführung eines Haubenglühofens zum Glühen von Stahlbändern mit Gaswälzvorrichtung.

Das Schema eines *Durchlaufofens* für das Schutzgasglühen von Bandstahl nach einem Vorschlag von *E. Schauff* ist in Bild 19 wiedergegeben. Zur Erzielung eines einwandfreien Blankglühens wird ein allseitig gasdichter Ofenkörper gefordert. Zu diesem Zweck wurden die Ofenenden mit Asbestgardinen versehen. Die Hauptschutzgasmenge wird dem Ofen an der Übergangsstelle von der Heiz- zur Kühlzone so zugeleitet, daß ein Abströmen nach beiden Richtungen erfolgen kann und der Ofen stets unter einem Überdruck steht. Das Bild 20 zeigt die Ausführung eines Durchlaufofens für rostfreien Stahldraht.

Für das Blankglühen von Feinblechen aus kohlenstoffarmem Stahl bei etwa 600° C in

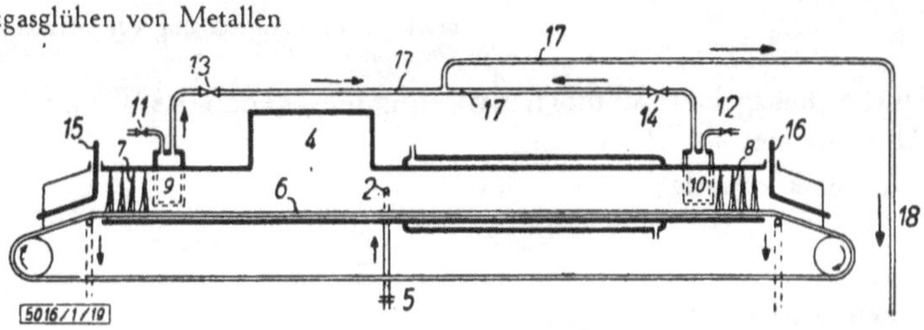

Bild 19. Durchlaufofen mit Schutzgas für Bandstahl (nach *E. Schauff*).

1 = Durchlaufglühofen
2 = Gaseinlaßöffnungen
3 = Abkühlzone
4 = Heizzone
5 = Gasmengenmesser
6 = Förderband
7 u. 8 = Asbestgardinen
9 u. 10 = Gasabzugsöffnungen
11 u. 12 = Manometerstutzen
13 u. 14 = Drosselventile
15 u. 16 = Abschlußtüren
17 = Rohrleitungen
18 = Zur Schutzgasanlage

Schutzgas aus *teilweise verbranntem Koksofengas* und bei Anwendung geringer Strömung geben *F. Eisenstecken* und *E. Schauff* folgende Richtlinien:

„1. Die Gas- und Luftmengen sind vor ihrem Eintritt in die Brennkammer gut zu durchmischen. In der Brennkammer selbst ist für eine gute Durchwirbelung des Gemisches zu sorgen, damit der eingeführte Sauerstoff völlig verbrennt.

2. Zur Vermeidung einer Kohlenstoffabscheidung ist der Gehalt an unverbranntem Methan möglichst gering zu halten (unter 1%). Dies wird durch ein günstiges Gas-Luft-Verhältnis (1 : 2,5—3) erreicht. Die weitgehende Spaltung des Methans wird neben dem günstigen Luftfaktor auch noch durch die Größe des Verbrennungsraumes erzielt, wobei auf kleinster Fläche die höchstmögliche Verbrennungstemperatur erhalten werden soll. Voraussetzung für ein einwandfreies Arbeiten der Schutzgasanlage ist eine lange Haltbarkeit der feuerfesten Auskleidung des Verbrennungsraumes.

3. Die Bleche dürfen vor dem Glühen nicht, beispielsweise durch zu langes Lagern, anrosten, da der im Schutzgas enthaltene Wasserstoff u.U. keine vollständige Reduktion der Oberfläche herbeiführt. Gelingt das Blankglühen trotzdem, so ist die Oberfläche meistens angerauht.

4. Das Schutzgas kann noch Spuren von Sauerstoff enthalten, die unbedingt entfernt werden müssen; dieses gelingt durch Überleiten über Kupfer bei 280—400° C.

5. Der Gehalt des Schutzgases an Kohlenoxyd und Kohlendioxyd sowie Wasserdampf und Wasserstoff muß so liegen, daß die Gleichgewichtskonstanten in dem vorliegenden Temperaturgebiet den zulässigen Wert nicht erreichen oder gar überschreiten.

6. Bei einem gegebenen Gas-Luft-Verhältnis ist es nicht notwendig, das Kohlendioxyd mit chemischen Mitteln oder mit Wasser unter hohem Druck auszuwaschen, wenn folgende Bedingung eingehalten wird: $\frac{p_{CO_2}}{p_{CO}} = 0{,}2$ bis $0{,}6$

Bild 20. Glühofen für rostfreien Stahldraht (Eintrittsseite) (Bauart AEG).

7. Der Feuchtigkeitsgehalt soll möglichst gering sein, so daß das Wasser-Wasserstoff-Verhältnis kleiner als 0,1 ist.
8. Die Wassergaskonstante

$$K_w = \frac{p_{H_2O} \cdot p_{CO}}{p_{H_2} \cdot p_{CO_2}}$$

kann einen Wert von 0,03 und höher annehmen."

Für das Blankglühen bei *höheren Temperaturen* können entsprechende Verhältnisse aus den zu Anfang gegebenen Gleichgewichtsschaubildern abgeleitet werden. Im übrigen macht das zunderfreie Glühen von *weichem Eisen* keine besonderen Schwierigkeiten, wenn nur die Verhältnisse zwischen Kohlendioxyd und Kohlenoxyd bzw. Wasserdampf und Wasserstoff richtig gewählt werden. Schwieriger liegen die Verhältnisse für das Glühen *legierter Stähle*. Reine Kohlenstoffstähle erfordern eine relativ genaue Einhaltung der Gleichgewichtsverhältnisse zwischen Gasphase und Werkstoff, da die Kohlungsgleichgewichte über einen um 1 geringeren Freiheitsgrad verfügen als die Oxydations-Reduktions-Gleichgewichte des Eisens. In modernen Schutzgasanlagen lassen sich auch diese Verhältnisse ohne Schwierigkeiten steuern. Die schädlichen Reaktionen zwischen Glühgut und Gasphase werden praktisch um so unbedeutender, je niedriger die Glühtemperaturen liegen.

Das Blankglühen von *chromhaltigen Stählen* erfordert besondere Vorsicht, da die Sauerstoffaffinität dieser Legierungen mit steigenden Chromgehalten stark ansteigt. Das Schutzgas muß nicht nur praktisch frei von Wasserdampf und Kohlendioxyd sein, sondern darf auch kein CO mehr enthalten. Es kommt hier daher nur die Verwendung von *Wasserstoff* oder *gespaltenem Ammoniak* in Frage. *O. Dahl* und *F. Pawlek* haben sich eingehender mit dem Blankglühen *chromhaltiger Stähle* befaßt. Sie beobachteten die Einwirkung eines Gases mit 0,7 g Wasser je m^3 bei 900° C auf verschieden legierte Chromstähle. Die Legierung mit 1% Chrom blieb blank; die mit 3% Chrom und die höher legierten Proben zeigten deutlich erkennbare Oxydationserscheinungen, welche stärker werden, je tiefer die Temperatur sinkt, was sich aus den physikalisch-chemischen Überlegungen erklärt. Beachtenswert ist dieses Ergebnis im Hinblick auf die Möglichkeit, Hartmetallplättchen mittels Kupfers auf legierte Stähle *aufzulöten*. Will man hier auf die Heranziehung eines Flußmittels verzichten, so ist die Verwendung eines völlig wasserdampffreien Schutzgases unerläßlich. Für die Glühung von Chromstählen wie für Stähle mit höheren Gehalten an Legierungselementen mit hoher Sauerstoffaffinität kommen als Schutzgas daher praktisch nur trockene Stickstoff-Wasserstoff-Gemische in Frage. Nach Untersuchungen von *F. Pawlek* erfahren die chromhaltigen Legierungen keinerlei Beeinträchtigungen durch höhere Stickstoffgehalte im Schutzgas.

Für das Glühen von *Kupfer* muß beachtet werden, daß sich Wasserstoff mit eventuell vorhandenen Cu_2O-Einschlüssen unter Bildung von Wasserdampf umsetzen und die Ursache für die in der Literatur unter der Bezeichnung „Wasserstoffkrankheit" des Kupfers bekanntgewordene Erscheinung abgeben kann. *W. Baukloh* und *W. Stromburg* (2) haben diesen Vorgang eingehender untersucht und festgestellt, daß sauerstoffhaltige Kupferbleche durch Behandlung in Wasserstoff zum Teil erhebliche Verminderungen ihrer Tiefziehfähigkeit erleiden. Man entgeht dieser Schwierigkeit, wenn man sauerstofffreien Wasserdampf oder sonstige schwefelfreie Gasgemische ohne hohen Wasserstoffgehalt für die Schutzgasglühung verwendet. Ein großer Anteil der gegenwärtig verarbeiteten Kupfer- und *Messingdrähte* wird in Glühtöpfen blankgeglüht, wobei sich die Form der Innengefäße der Verpackungsart der einzulegenden Drahtringe anpaßt, um wenig Luft in diesen Behältern zu belassen. Die freien

Räume werden mit Kupferspänen ausgefüllt und das Innengefäß wird gegen nachdringenden Luftsauerstoff noch durch eine Holzkohlenschicht gesichert.

Handelt es sich um *Legierungen des Kupfers* mit Elementen höherer Sauerstoffaffinität, wie z.B. Zink, so besteht nicht mehr die Gefahr der „Wasserstoffkrankheit", da diese Elemente desoxydierend auf Kupfer wirken und die Bildung von Cu_2O unterbinden. Hier ist aber erneut der oxydierende Einfluß von Wasserdampf und Kohlendioxyd zu beachten. Nach Untersuchungen von *F. Pawlek* kann für das Blankglühen von *Zinklegierungen* ein billiges Schutzgas aus Leuchtgas Verwendung finden, wenn es vorher gut entschwefelt und von Wasserdampf befreit wird.

Beim Glühen von *Zinklegierungen* ist das Augenmerk noch auf die *Zinkverdampfung* zu richten. Mit einem geeigneten Schutzgas ist zwar eine metallische Oberfläche ohne Schwierigkeiten zu erzielen. Sie ist aber nicht in allen Fällen metallisch *blank*, da Zink auf Grund seines hohen Dampfdruckes schon bei relativ niedrigen Temperaturen verdampft. Praktisch läßt sich die Zinkverdampfung nur durch rein physikalische Vorkehrungen herabsetzen, wie beispielsweise durch Verminderung der Gasgeschwindigkeit in geeignet konstruierten Ofenanlagen.

Die steigende Verwendung von elektrischen Glühöfen für Schutzgasglühungen rückt auch das Problem des Einflusses von Schutzgasen auf die sog. *Heizleiterlegierungen* in den Vordergrund des technischen Interesses. Normalerweise besitzen diese Heizleiterlegierungen eine hohe Beständigkeit gegen oxydierende Gase, und zwar bewirkt durch die Ausbildung dünner Oxydhäute an der Werkstoffoberfläche, die sowohl den Zutritt der Gase als auch die Diffusion der Metallionen sehr erschweren. In Schutzgasatmosphären mit ihrem vielfach stark reduzierenden Charakter war unter gewissen Bedingungen mit Schwierigkeiten zu rechnen. Am besten haben sich Chrom-Nickel-Legierungen mit 20% Chrom und 80% Nickel bewährt. Durch die Einführung von Eisen und Aluminium in diese Legierungen ist besondere Vorsicht bei der Verwendung von Kohlenoxyd und methanhaltigen Gasen und auch Stickstoff geboten. Eisen besitzt eine hohe Kohlenstoffaffinität und setzt sich daher leicht mit kohlenstoffabgebenden gasförmigen Körpern um. Aluminium neigt zur Nitridbildung, wodurch es seiner eigentlichen Aufgabe, aus dem Inneren an die Werkstoffoberfläche zu diffundieren, um dort ständig die Oxydschicht zu ergänzen, entzogen wird. Diese Stickstoffaufnahme ist in nicht oxydierenden Atmosphären verständlicherweise am größten, da hier die den Stickstoffeintritt hindernde Oxydhaut fehlt oder nur schwach ausgebildet ist.

Die *nickelreichen Legierungen* sind besonders empfindlich gegen schwefelhaltige Gase, da Nickel mit dem Schwefel ein niedrigschmelzendes Ni-NiS-Eutektikum bildet, das praktisch jede Schutzwirkung aufhebt. Demgegenüber sind aluminiumhaltige Legierungen unempfindlicher gegen Schwefel. Nach Untersuchungen von *F. Pawlek* können schon durch die aus der Umsetzung von Wasserstoff mit schwefelhaltigen Isolierbaustoffen der Ofenanlage in den Glühraum gelangenden Schwefelmengen schädigende Wirkung auf die Heizleiterlegierungen haben.

Zahlentafel 4 enthält eine Zusammenstellung verschiedener Werkstoffe und der für sie geeigneten Schutzgase nach Angaben von *G. Simon*.

Werkstoff	Schutzgas	Ofen	Bemerkungen
1. Kohlenstoffstahl			
a) weichglühen	Wasserstoff gespaltenes Ammoniak partiell verbranntes Ammoniak partiell verbranntes Leuchtgas partiell verbranntes Propan Generatorgas	Sämtliche für Schutzgasbetrieb geeigneten Stand- und Fließöfen unter Berücksichtigung der wegen des gewählten Schutzgases zu stellenden Anforderungen	
b) normalisieren und härten	Wie 1 a, jedoch sind alle mit Feuchtigkeit verunreinigten Gase scharf zu trocknen	Möglichst mit hitzebeständigen Werkstoffen ausgekleidete Öfen oder Verwendung gasdichter Glühgutbehälter. Bei Fließöfen nur gut abgedichtete Öfen anwendbar	Bei Leuchtgas und Propan-Schutzgas können zur Verhinderung der Entkohlung auch einige Prozent unverbrannten Leuchtgases oder Propan zugesetzt werden; dann jedoch geringe Rußabscheidung
2. Tiefziehmaterial	Wie 1 a	Wie 1 a	Scharfe Trocknung nicht notwendig, jedoch beim Glühen im Standofen vorzuziehen
3. Chromnickelstahl	Wasserstoff (I) gespaltenes Ammoniak partiell verbranntes Ammoniak (I)	Gasdichte, mit hitzebeständiger Auskleidung versehene Öfen	Fließofen nur, wenn vollkommene Abdichtung möglich, z. B. Band- und Drahtdurchziehöfen
4. Werkzeugstahl	Wie 1 a	Wie 1 a	Wenn Cr-Gehalt über 2%, dann nur CO_2-freie und vollkommen trockene Gase sowie mit hitzebeständiger Auskleidung ausgerüstete gasdichte Öfen
5. Austenitische Stähle	Wasserstoff (I) gespaltenes Ammoniak partiell verbranntes Ammoniak (I)	Gasdichte, mit hitzebeständiger Auskleidung ausgerüstete Öfen	
6. Chromhaltige Legierungen			
a) Cr-Gehalt unter 2%	Wie 1 a	Wie 1 a	
b) höherer Cr-Gehalt	Wie 5	Wie 5	
7. Molybdänstähle	Wie 1 a	Wie 1 a	Die Höhe des Cr-Gehaltes kann die Bedingungen von 5 für Schutzgas und Ofen bedingen

Zahlentafel 4. Werkstoffe und die dafür geeigneten Schutzgase (nach *G. Simon*).
[I = scharf getrocknet, II = entschwefelt.]

Werkstoff	Schutzgas	Ofen	Bemerkungen
8. Wolframstähle	Wie 1 a	Wie 1 a	Siehe 7
9. Kupfer	Wasserstoff gespaltenes Ammoniak partiell verbranntes Ammoniak partiell verbranntes Leuchtgas (II) partiell verbranntes Propan Generatorgas (II) Wasserdampf	Sämtliche zum Blankglühen geeigneten Öfen Mit hitzebeständiger Auskleidung versehener Standofen, Fließofen mit Wasserabschluß.	Bei Temperatur unter 450° C H_2-Gehalt unter 2% halten bei höheren Temperaturen Beim Glühen des oxydierten Cu auch höherer H_2-Gehalt zulässig Nicht für Feindraht
10. Bronze und Tombak	Wie 9	Wie 9	
11. Kupfer-Nickel-Legierungen	Wie 9	Wie 9	
12. Messing	Wasserstoff (I) gespaltenes Ammoniak partiell verbranntes Ammoniak (I) partiell verbranntes Leuchtgas (I und II) partiell verbranntes Propan (I) Generatorgas (I und II)	Sämtliche gasdichten, mit hitzebeständiger Auskleidung versehenen Öfen, bei Fließöfen nur gut abgedichtete Ofenarten	Zinkverdampfung wird nicht verhindert Vorzuziehen sind die kohlenoxydfreien Schutzgase
13. Goldlegierungen a) ohne Kupfer	Wasserstoff partiell verbranntes Ammoniak gespaltenes Ammoniak partiell verbranntes Leuchtgas (II) partiell verbranntes Propan (II)	Sämtliche Blankglühöfen	
b) kupferhaltig	partiell verbranntes Ammoniak partiell verbranntes Leuchtgas (II) partiell verbranntes Propan (II)	Wie 13 a	H_2-Gehalt unter 2%
c) kupferhaltig, desoxydiert	Wie 13 a	Wie 13 a	
14. Silberlegierungen	Wie 13	Wie 13	Wie 13
15. Nickel	Wie 13 a	Wie 13 a	
16. Neusilber	Wie 12	Wie 12	Wie 12

Noch Zahlentafel 4. Werkstoffe und die dafür geeigneten Schutzgase (nach *G. Simon*).
[I = scharf getrocknet, II = entschwefelt.]

Literaturangabe

Austin, C. R., Trans. Amer. Soc. Metals *23* (1935), S. 157.
Baukloh, W. u. *B. Knapp* (1), Arch. Eisenhüttenwes. *12* (1938/39), S. 405.
Baukloh, W. u. *W. Stromburg* (2), Z. Metallkde *29* (1937), S. 427.
Dahl, O. u. *F. Pawlek*, Stahl u. Eisen *60* (1940), S. 137.
Eisenstecken, F. u. *E. Schauff* (1), Stahl u. Eisen *60* (1940), S. 968, 1001.
— — (2), Stahl u. Eisen *60* (1940), S. 968, 1001.
Gier, J. R., Trans. Amer. Soc. Metals *29* (1941), S. 670. — Eng. Chem. Industr. Edition (A) *33* (1941), S. 38.
Gillett, H. W., Metals and Alloys *6* (1935), S. 195, 235, 293, 323.
Koebel, N. K., Iron Age *146* (1940), Nr. 21, S. 33, 39; Nr. 22, S. 40; Nr. 24, S. 48.
Marke, E. u. *E. Schauff* in: Handbuch des Eisenhüttenwesens, hrsg. vom Verein Deutscher Eisenhüttenleute, *3*: Walzwerkswesen. Düsseldorf u. Berlin 1939.
N. N., Oberflächentechnik *19* (1942), S. 34.
Parkes, D. W. u. *R. B. Evans*, Iron Age *136* (1935), Nr. 21, S. 26. — Stahl u. Eisen *56* (1936), S. 972.
Pawlek, F., Elektrotechn. Zeitschr. *60* (1939), S. 1445. — Werkstattstechnik / Der Betrieb *38/23* (1944), S. 65.
Pohl, W., Gas- u. Wasserfach *81* (1938), S. 374.
Schauff, E., Stahl u. Eisen *60* (1940), S. 1007.
Simon, G., Elektrowärme *11* (1942), S. 34.
Stassinet, Th., Stahl u. Eisen *49* (1929), S. 1509.
Weber, H. M., Iron Age *133* (1934), Nr. 13, S. 20.

Weiteres Schrifttum

Baukloh, W., Die physikalisch-chemischen Grundlagen der Metallurgie. Akademie-Verlag, Berlin 1949.
Glühen unter Schutzgas. Korrosion u. Metallschutz *15* (1939), S. 357.
— Theoretische Grundlagen des Glühens von Metallen unter Schutzgasen. Gas- u. Elektrowärme *1*
— (1943), S. 5.
Buchkremer, R., Die Verwendung von Schutzgas zum Glühen von Stahl. Metallwirtschaft *16* (1937) S. 992.
Eberwein, J., Elektrische Glühöfen mit Schutzgas in den USA. Stahl u. Eisen *57* (1937), S. 945.
Kalpers, H., Neuzeitliche Blankkühl- und -glühöfen. Werkstattstechnik *29* (1935), Nr. 17, S. 342.
Kugler, W. u. *K. A. Lohausen*, Die Herstellung von Schutzgasen aus Ammoniak. Elektrowärme *11* (1941), S. 1.
Mattocks, E. O., Controlled Furnace Atmospheres. Met. Progr. *30* (1936), S. 27.
Nathusius, H., Blankglühofenanlagen. Z. VDI *76* (1932), S. 1221.
Pawlek, F., Zur Frage des Blankglühens von Kupfer und Kupferlegierungen. Z. Metallkde *30* (1938), S. 89.
Robiette, A. G., Prevention of Oxydation and Decarburization of Steel. Metal Treatm. *2* (1936), Nr. 6, S. 77.
Scott, W. S., Use of Dissociated Ammonia as Atmosphere in Annealing Strip and Sheets. Iron Age *128* (1931), S. 1548.
— Über Schutzgase bei elektrischen Öfen. Drahtwelt *24* (1931), S. 1000.
Tamele, K., Neuere Entwicklung in elektrischen Blankglühöfen. Elektrowärme *4* (1934), S. 3.
Thum, E. E., Controlled Atmospheres. Heat Treat. Forg. *24* (1938), Nr. 3, S. 149.

FSC
www.fsc.org
MIX
Papier | Fördert gute Waldnutzung
FSC® C083411

Zeitfracht Medien GmbH
Ferdinand-Jühlke-Straße 7
99095 Erfurt, Deutschland
produktsicherheit@kolibri360.de